Inteligencia Universal

*Una Guía Práctica para
Poder Infinito Interior*

cerebrouniverse.co

Josh Dirks

KC Dochtermann

Derechos de autor © 2026 Josh Dirks y KC Dochtermann

Todos los derechos reservados. Ninguna parte de esta publicación podrá ser reproducida, almacenada ni transmitida en ninguna forma ni por ningún medio, ya sea electrónico, mecánico, fotocopia, grabación, escaneo o de cualquier otro tipo, sin la autorización escrita del editor. Es ilegal copiar este libro, publicarlo en un sitio web o distribuirlo por cualquier otro medio sin autorización. Josh Dirks y KC Dochtermann afirman el derecho moral a ser identificados como los autores de esta obra.

Primera Edición – Enero de 2026

Arte de Portada: Eben Tobias Greene
Editado por KC Dochtermann
Editorial: Pariah Works, LLC

Cerebro Universe[TM]*, The Supreme Energy* [TM] *y Inteligencia Universal* [TM] *son todas marcas registradas, con todos los derechos reservados.*

ISBN: 979-8-9998243-5-6 (tapa dura)
ISBN: 979-8-9998243-6-3 (rústica)
ISBN: 979-8-9998243-7-0 (ePUB)
ISBN: 979-8-9998243-8-7 (iBook)
ISBN: 979-8-9998243-9-4 (Kindle)

La inteligencia universal se pone en movimiento para cada efecto por separado... o se pone en movimiento una vez, y todo lo demás surge mediante una secuencia; o los elementos individuales son el origen de todas las cosas. En resumen, si hay un dios, todo está bien; y si el azar gobierna, no te dejes gobernar por él.

- *Marco Aurelio*

Dedicación

A la humanidad -
El futuro puede parecer incierto, y para muchos, el horizonte se ve ensombrecido por el rápido auge de la inteligencia artificial y la creciente posibilidad de extinción humana. Sin embargo, tenemos una fe inquebrantable en el espíritu humano: la misma fuerza que impulsó a nuestros antepasados a superar hambrunas, tormentas, guerras y lo desconocido. Sobrevivieron, se adaptaron y continuaron el gran fluir de la vida.

Hoy en día, la tecnología avanza a toda velocidad, y en su apogeo, muchos han olvidado las verdades universales que una vez nos guiaron. Hemos permitido que la distracción ahogue el propósito, que el ruido reemplace el significado y que la comodidad erosione la conexión. Este libro es nuestro humilde intento de ofrecer una guía para recordarnos cómo fuimos diseñados para vivir, amar, compartir y funcionar como seres completos y despiertos.

Pero sobre todo dedicamos este libro a nuestros niños. Nuestra mayor esperanza es que estas páginas les den una chispa temprana: un impulso para regresar a su centro, un renacimiento espiritual y una vida enraizada en la armonía con la Inteligencia Universal que siempre ha estado en ellos. Que vivan plenamente, amen profundamente y encuentren una alegría que perdure mucho después de que termine nuestra etapa aquí.

Prefacio

Si tienes este libro en tus manos - o recorres sus páginas en una pantalla - debes saber esto: No llegaste aquí por accidente.

En algún punto del camino, algo en ti susurró que debía haber algo más. Más significado. Más conexión. Más vida que la que se desvanece en días, semanas y años. Ese susurro es el mismo que ha llamado a la humanidad durante milenios. Es la voz de *la Inteligencia Universal*.

Vivimos en un mundo repleto de ruido. Las notificaciones compiten por nuestra atención. Los titulares inspiran nuestro miedo. El rápido auge de la inteligencia artificial está transformando industrias, transformando economías y, en algunos casos, desplazando medios de vida, lo que lleva a muchos a cuestionar su valor, su rol y su futuro. La vida avanza a una velocidad que ningún ser humano fue diseñado para soportar. Sin embargo, bajo todo esto, hay una corriente silenciosa - un pulso profundo y constante - que ha guiado a la humanidad mucho antes de que la primera rueda girara o la primera chispa iluminara la noche.

Este libro es un puente hacia esa corriente.

No es otro manual de autoayuda que te dice qué te pasa ni te promete una transformación repentina. Es una invitación a recordar lo que ya está bien en ti. A reconectarte con los *Elementos* con los que naciste y los *Principios* que han guiado tu vida desde el principio.

En estas páginas, encontrarás historias de personas que han desafiado la lógica, investigaciones que comienzan a actualizarse con la sabiduría ancestral y pasos prácticos para despertar lo que siempre has llevado dentro. Verás que la voluntad no es solo determinación: es el motor invisible que nos impulsa hacia adelante.

Que la intuición no es una corazonada - sino una brújula sintonizada con la frecuencia del alma. Que la Presencia, la Gracia, la Gratitud y la Abundancia no son ideales elevados, sino mentalidades que podemos elegir en cada respiración.

Pero aquí está la verdad: Leer este libro solo no cambiará tu vida.

Aplicando lo que hay dentro lo logrará.
Se te pedirá que escribas en tu diario. Que guardes silencio. Que te adentres en la naturaleza. Que calmes tu mente. Que escuches. Que elijas un camino no porque sea el más fácil, sino porque es el que te acerca a tu verdadero yo.

Y si decides dar estos pasos, no estarás solo. Te unirás a un movimiento creciente de almas en todo el mundo que están despertando a su diseño original, al llamado de *la Inteligencia Universal* y a la verdad de que estamos aquí no solo para sobrevivir, sino para vivir plenamente, dar generosamente y dejar un mundo mejor de como lo encontramos.

El camino que tienes por delante no es lineal. Te desafiará. Pero también te sorprenderá con momentos de belleza, claridad y alegría que aún no puedes imaginar. Esperamos que, al terminar este libro, hagas más que simplemente dejarlo - te adentres en una vida donde la fe, la acción y la conexión sean tus compañeros diarios.

Todos fuimos creados para este momento.
Ahora es el momento de empezar.

Contenido

Capítulo 1 – Introducción a la Interfaz de Usuario	1
Capítulo 2- Todos Somos Energía	9
Capítulo 3 – Todos Somos Iguales	15
Capítulo 4 – Todos Estamos Conectados	21
Capítulo 5 – Todos Tenemos Acceso a la Sabiduría Divina	27
Capítulo 6 – Todos Podemos Manifestar	33
Capítulo 7 – El Puente Entre la Promesa y la Práctica	39
Capítulo 8 – La Percepción	47
Capítulo 9 – La Voluntad	55
Capítulo 10 – La Razón	63
Capítulo 11 – La Imaginación	67
Capítulo 12 – La Memoria	71
Capítulo 13 – La Intuición	79
Capítulo 14 – Por Qué la Ciencia No Ha Explicado Fenomenos Univerales	87
Capítulo 15 – Viviendo el Viaje	97
Referencias	109

Capítulo 1 – Introducción a la Interfaz de Usuario

¿Qué es *la Inteligencia Universal*? Es el concepto de que una fuerza fundamental o principio guía la organización y evolución del Universo. Existe en toda la materia, que es esencialmente energía. Existe evidencia física a nuestro alrededor que verifica su existencia - la forma perfecta de las alas de un pájaro, las flores que crecen en perfecta simetría, el círculo perfecto de la luna al brillar sobre nosotros desde arriba.

La inteligencia humana es una expresión, a pequeña escala pero elegante, de esta inteligencia superior. Esta inteligencia superior se extiende mucho más allá del intelecto, la imaginación o la comprensión humanos. Algunos podrían referirse a ella como un Ser Superior o una Entidad Superior, aunque el concepto probablemente trascienda cualquier definición. Si bien dicha fuerza puede guiarla o animarla, sabemos que *la Inteligencia Universal* debe existir porque crea estructura y orden en el Universo. Sin ella, toda la energía y la materia se hundirían en el caos.

Algunos podrían cuestionar el concepto de *la Inteligencia Universal* y afirmar que no es científico. Pero es una verdad que trasciende la evidencia, una verdad que se revela a través de la armonía, el equilibrio y el diseño. La geometría sagrada, las matemáticas naturales, la simetría y la elegante precisión de los ecosistemas argumentan en contra de la aleatoriedad. La creación y la evolución podrían no ser accidentes caóticos, sino el resultado de una fuerza inteligente y organizadora presente en todas las cosas.

La Inteligencia Universal no nace en el cerebro, sino que resuena en el corazón - más precisamente, desde el alma. Es ilimitada, atemporal e infinita. No se puede medir, calcular ni analizar, porque no obedece a las mismas limitaciones que la materia física. Se siente, se intuye y se conoce en momentos de profunda quietud, amor o asombro. Por esta razón, las herramientas de la conciencia humana, como la ciencia, la lógica y el lenguaje, a menudo tienen dificultades para describirla plenamente. Están moldeadas por los límites de la mente y la tecnología de su época, mientras que tales limitaciones no limitan a *la Inteligencia Universal* .

La inteligencia humana, en cambio, se origina en el cerebro. Es creativa, emocional e intelectual, capaz de invención, descubrimiento y reflexión. Pero sigue siendo finita, limitada por lo que podemos percibir e imaginar. *La Inteligencia Universal*, en cambio, es el campo infinito del que surge la inteligencia humana y al que retorna. Es el conocimiento silencioso que subyace a todo pensamiento. El susurro que precede a la razón. La vibración que subyace a cada instante de intuición y asombro.

Reconociendo esto, ¿cómo podemos aprovechar mejor esta inteligencia para enriquecer nuestras vidas y experiencias? Podemos lograrlo explorando la belleza interior y la de todo lo existente, alcanzando así la felicidad y la plenitud, en lugar de buscarla en lo externo. Aquí es donde la inteligencia humana desempeña su papel: explorando el mundo a través de nuestras múltiples formas: pensamiento, sentimiento, creatividad y voluntad. Es el vehículo. *La Inteligencia Universal* es la fuente.

Los Cinco PRINCIPIOS de *la Inteligencia Universal*

1. **Todos somos energía.**

El descubrimiento de la «Partícula de Dios» demostró que toda la materia es energía, y que es esta partícula la que permite que otras partículas ganen masa. Esta es una prueba contundente de que todo se origina a partir de un diseño inteligente.

2. **Todos somos iguales.**

Todos provenimos de la misma fuente de energía, la misma fuente de espíritu, el mismo punto de origen. Esto nos hace a todos iguales; nadie es superior ni inferior a otro.

3. **Todos estamos conectados.**

Porque provenimos de la misma fuente, estamos intrínsecamente vinculados entre nosotros, con la naturaleza y con el Universo mismo.

4. **Todos tenemos acceso a la sabiduría divina.**

Muchas respuestas se pueden encontrar no en el ruido del mundo exterior, sino en el silencio interior. Cada uno de nosotros lleva consigo una parte de la sabiduría superior.

5. **Todos tenemos la capacidad de manifestar.**

Lo que emitimos es lo que recibimos. Lo que pedimos al Universo, lo atraemos. En esencia, somos responsables de nuestras propias realidades.

Estas reglas básicas abarcan varios **elementos** que influyen en nuestra vida y en cómo elegimos vivir en este camino. Entre ellos se incluyen:

- **La Percepción**
- **La Voluntad**
- **La Razón**
- **La Imaginación**
- **La Memoria**
- **La Intuición**

Muchos, especialmente en las comunidades científicas y académicas, consideran que elementos como la Percepción, la Intuición, la Voluntad y la Imaginación son puramente resultado de procesos evolutivos y del azar. Desde esta perspectiva, la consciencia humana es producto de reacciones neuroquímicas moldeadas por la selección natural. Pero cuáles son las probabilidades de que, por pura coincidencia, los seres humanos desarrollen una vida interior tan compleja, rica en empatía, pensamiento simbólico, razonamiento moral e imaginación?

Estadísticamente, el surgimiento de la autoconciencia a partir de la materia orgánica básica sigue siendo un misterio en la biología evolutiva. Si bien la selección natural puede explicar la adaptación de rasgos, el repentino salto hacia la autoconciencia reflexiva, la creatividad y la moralidad continúa desconcertando a los investigadores. Como señala el científico cognitivo David Chalmers: "No hay nada en las explicaciones fisicalistas que explique por qué tenemos una experiencia interna." (Chalmers, *The Conscious Mind*, 1996 [1]).

Esto apunta a la posibilidad de una fuente superior - lo que llamamos *Inteligencia Universal* - que puede desempeñar un papel rector en la configuración de nuestra capacidad de conciencia, compasión y conexión.

Entonces, cuál es la razón - o mejor aún, la *importancia* - de *la Inteligencia Universal* en nuestras vidas?

El Universo proporciona el diseño: La plataforma a través de la cual la conciencia se experimenta a sí misma como un individuo con una perspectiva única. Físicos cuánticos como Max Planck y Niels Bohr han sugerido que la conciencia no es solo un producto del Universo material, sino una parte esencial de su estructura subyacente. Planck, considerado el padre de la teoría cuántica, afirmó: "Considero la conciencia como fundamental. Considero la materia como un derivado de la conciencia".

Esto hace eco de lo que la sabiduría antigua y la filosofía moderna describen como Ley Natural - una arquitectura invisible que guía todas las cosas hacia la armonía, el equilibrio y la coherencia. La teoría de sistemas, por ejemplo, identifica sistemas autoorganizados en la biología y el cosmos, mostrando que la vida tiende a evolucionar hacia la complejidad y la interconexión (Capra, The Web of Life, 1996 [2]). Sin embargo, junto a este impulso hacia el orden existe otra fuerza - la entropía, la tendencia hacia el desorden y el caos cuando la intención y la alineación están ausentes. Quizás esto también sea parte del don de la Inteligencia Universal: que se nos da tanto la armonía como la entropía para trabajar con ellas, como el flujo y el reflujo, la oscuridad y la luz, el bien y el mal. Nuestro papel, entonces, no es solo reconocer la arquitectura del orden, sino insertarla conscientemente en nuestras vidas, eligiendo alinearnos con el equilibrio en lugar de dejarnos llevar por el caos.

Es hora de superar la división entre lo material y lo innato. De pasar de una existencia fragmentada y desconectada a *la convergencia*. Hace una década, los líderes de opinión en tecnología comenzaron a hablar de la 'Era de la Convergencia', refiriéndose a la fusión de los medios de comunicación, internet, satélites y sistemas de datos en redes globales unificadas. Si bien esta revolución digital prometía una conexión global más profunda, irónicamente ha provocado una epidemia de soledad y desconexión digital.

La pandemia aceleró esta paradoja. A pesar de estar más conectados tecnológicamente que nunca, las personas reportaron niveles récord de aislamiento y angustia emocional. Un estudio de Cigna de 2020 reveló que más del 60 % de los adultos estadounidenses reportaron sentirse solos 'a menudo' o 'siempre', una cifra que aumentó drásticamente durante los confinamientos.
Esto revela una verdad más profunda: somos seres sociales por diseño. La neurociencia lo confirma - nuestros cerebros están programados para la empatía, la cooperación y la conexión. Estudios en psicología social y neurobiología interpersonal demuestran que la comunidad y la pertenencia son esenciales para nuestro bienestar emocional e incluso físico (Siegel, *The Developing Mind* , 2012 [3]).

Ahora es el momento de recuperar esa verdad - recordar lo que significa ser humano no solo biológicamente, sino también espiritual y comunitariamente. *La Inteligencia Universal* no es solo una brújula interior personal; es un llamado comunitario, una invitación a rehacer la conexión humana. No debemos confundir la interacción digital con la interacción a nivel del alma. Sentarse en la misma habitación con la mirada fija en las pantallas no es comunión; es cohabitación sin conexión.

Si podemos reconocer este patrón, si podemos crear un espacio intencional para hacer una pausa, para estar presentes, para escuchar, entonces creamos la posibilidad de que *la Inteligencia Universal* surja, dentro y alrededor de nosotros.

Tenemos la oportunidad de crear **espacios abiertos** – en nuestras mentes, nuestros corazones y nuestros entornos compartidos– para que esta inteligencia hable, guíe y unifique.

Capítulo 2 – Todos Somos Energía

La 'Partícula de Dios', oficialmente conocida como la Partícula de Higgs-Bonson, es la partícula fundamental del Modelo Estándar de la física de partículas. Fue descubierta en 2012 en el CERN (Organización Europea para la Investigación Nuclear), ubicado cerca de Ginebra, Suiza. El CERN alberga el mayor Colisionador de Hadrones del mundo, un acelerador de partículas que impulsa protones o iones a velocidades cercanas a la de la luz.

Esta partícula se relaciona con el Campo de Higgs, que permea el Universo y otorga masa a todas las partículas. En esencia, constituye la base de la teoría de partículas para explicar cómo estas adquieren masa. En términos más simples, es la partícula responsable de convertir la energía en masa. Sin ella, muchas partículas, y la materia tal como la conocemos, no existirían. La teoría fue respaldada inicialmente por la Teoría de la Relatividad de Albert Einstein y su famosa ecuación $E=mc^2$. que demostró la conexión entre la energía y la masa. El concepto se basa en la física cuántica, identificando que el Universo es una red interconectada de energía. Se sugiere que toda la materia, incluidos nosotros mismos, está compuesta de energía, que vibra a diferentes frecuencias. Entonces, aunque la materia sólida parece estacionaria en la naturaleza, a nivel atómico, todas las cosas están en constante movimiento y vibración. Una buena pieza de referencia sobre esto es 'La partícula de Dios: si el universo es la respuesta, ¿Cuál es la pregunta?', por Leon M. Lederman [4]. Algunos pueden debatir que la diferencia entre energía y materia es solo un estado físico, y que cualquier pontificación adicional sobre el tema es solo una simplificación excesiva de un hecho científicamente probado. Y ahí radica el dilema muchas veces: si algo no se puede probar mediante el método científico, entonces su existencia es cuestionada por la mayoría en la comunidad científica.

¿Cómo se aplica este principio a la Inteligencia Universal?

El concepto de que 'Todo es Energía' nos afecta a todos, no sólo a nivel científico, sino también a nivel filosófico y espiritual:

Frecuencia Vibratoria:

Todo en el universo, incluyendo los objetos inanimados y los seres vivos, vibra a una frecuencia determinada. Asimismo, las acciones, emociones y pensamientos pueden influir en nuestra frecuencia vibratoria y, en consecuencia, en nuestra realidad. Como dijo Einstein: "Si encuentras la frecuencia de la realidad que deseas, no podrás evitar obtenerla." Esto concuerda con la perspectiva filosófica de que algunas personas irradian energía positiva al abrazar los elementos superiores de la gratitud, la alegría, el amor y la paz. Otra aplicación sería más espiritual - el concepto de que el cuerpo tiene centros de energía o chakras, y que si estos centros se pueden activar o alinear mediante diversas prácticas, una persona puede aumentar los niveles de energía vibratoria para elevar la consciencia y vivir una vida más sana y plena. Si bien actualmente no existe evidencia científica que verifique estas creencias, investigaciones recientes respaldan los beneficios clínicos del entrenamiento vibratorio de cuerpo completo. (Healthline, 2024 [5])

Interconexión:

Este es el concepto de que, dado que todo es energía, existe una forma de interconexión entre todas las cosas. Así como una piedra caída puede crear una onda en el agua que cambia toda la superficie, los actos y la energía pueden influir en el mundo y el Universo. Pueden afectar la realidad de las fuerzas invisibles en juego. En aplicaciones prácticas, se puede demostrar a través del espíritu de cooperación, responsabilidad compartida y unidad. Desde una perspectiva espiritual, respalda el ideal de que existe una conciencia o energía divina que conecta todas las cosas. Refuerza la creencia de que el Universo está compuesto de energías organizadas y conectadas, tanto visibles como imperceptibles.

Conciencia y Energía:

Desde un punto de vista fisiológico Desde nuestra perspectiva, nuestros cerebros funcionan con energía. Se ha comparado muchas veces con una computadora. Este podría ser uno de los ejemplos más profundos del poder de la energía - que puede interactuar en conjunto, aprovechando el poder de la materia biológica con impulsos eléctricos. Pero, ¿es la consciencia más que una simple mezcla de carne, electricidad y agua? No hay agua nueva en el planeta y estudios recientes han demostrado que el agua realmente tiene memoria. (The History of the Memory of Water, Yolene Thomas, 2007 [6]) Si esto es cierto, entonces la combinación de carne, energía y agua inferiría que tenemos una sabiduría antigua en cada uno de nosotros que puede ser aprovechada. Durante siglos se creyó que la consciencia se origina únicamente en el cerebro. Pero según un estudio de siete años realizado por un consorcio de especialistas globales que se acaba de publicar en abril de 2025 (The Allen Institute [7]), "La consciencia está en el centro de la existencia humana... que está altamente conectada y unificada; y mientras permanezca unificada, será percibida conscientemente". ¿O es lo contrario? Según otros, se cree que la conciencia se origina en el cuerpo. ('Sentir y saber: Hacer que las mentes sean conscientes' por Antonio Damasio [8]) Desde una perspectiva espiritual, muchos creen que el cerebro alberga el espíritu y sirve como una conexión, a través de la glándula pineal (también conocida en algunos círculos como el 'tercer ojo'), conectando con el alma o 'yo superior' como la fuerza impulsora. Posiblemente las tres creencias podrían ser correctas hasta cierto punto. Si la energía está presente en todas las cosas e interconectada, entonces la conciencia posiblemente se originaría de todas estas fuentes. Algunas explicaciones de este concepto proponen que nuestra conciencia influye en la conformación de nuestra realidad al impactar nuestra frecuencia vibratoria y nuestra salud, tanto emocional como física. En términos más simples, tenemos el potencial de 'manifestar lo que creemos'.

Todos estos aspectos apuntan al concepto de que todas las cosas se originan a partir de un diseño inteligente, o como se le denomina en esta obra - *la Inteligencia Universal*.

Capítulo 3 - Todos Somos Iguales

En la naturaleza, toda vida comienza con el mismo marco esencial: energía, materia y el instinto de supervivencia, evolución y conexión. En todas las especies, los procesos biológicos de nacimiento, regeneración celular y ciclos vitales siguen principios comunes, guiados por lo que la ciencia suele denominar Ley Natural y lo que entendemos como *la Inteligencia Universal*.

Todo organismo vivo comienza como una sola célula, ya sea un árbol, un ave, una ballena o un ser humano. Esa célula se divide, se organiza y se desarrolla según instrucciones internas codificadas en el ADN, una molécula compartida por toda la vida en la Tierra. De hecho, los humanos compartimos aproximadamente el 99 % de nuestro material genético con todos los demás seres humanos del planeta, y alrededor del 98,8 % con los chimpancés. Incluso las plantas y los hongos comparten gran parte de su composición bioquímica con los humanos, lo que demuestra la red interconectada de la vida que define nuestro planeta (Instituto Nacional de Investigación del Genoma Humano, 2022 [9]).

La naturaleza demuestra equidad en su esencia. Los árboles de un bosque no privan de luz a sus vecinos. A través de redes micorrízicas subterráneas, los árboles más viejos comparten nutrientes con los más jóvenes o con dificultades, un comportamiento que se ha observado repetidamente en estudios sobre ecosistemas forestales (Simard, 1997 [10]). Los lobos en manada protegen a los vulnerables. Las abejas polinizan libremente, permitiendo la supervivencia de plantas que nunca consumirán. La vida sustenta la vida.

Esta igualdad fundamental tiene sus raíces en *la Inteligencia Universal*. Cada ser, por pequeño o grande que sea, lleva en sí la chispa de la consciencia, la huella del propósito y la capacidad de evolucionar. Pero a pesar de ello, la sociedad humana ha añadido capas que perturban este equilibrio natural.

Cuando la Igualdad la Moldea el Mundo

Desde el momento en que nace un ser humano, las condiciones externas comienzan a moldear su experiencia: ubicación, idioma, riqueza, seguridad, sistemas educativos, sistemas de creencias. Estos factores pueden abrir puertas o crear barreras. Pueden ofrecer protección o exigir lucha. Un niño nacido en un país devastado por la guerra enfrenta un camino diferente al de uno nacido en un suburbio tranquilo. Un niño criado por cuidadores cariñosos experimentará un crecimiento diferente al de uno criado en un entorno traumático o abandonado.

Estas disparidades determinan los resultados. Pero no *alteran* la esencia del individuo. El privilegio y la opresión son construcciones sociales, no verdades espirituales. Los sistemas pueden negar la equidad, pero la igualdad no puede eliminarse a nivel del alma.

La historia ofrece innumerables ejemplos de individuos que trascendieron las condiciones de su nacimiento, prueba de que la fuerza interior, la voluntad guiada por *la Inteligencia Universal*, permanece intacta. Consideremos:

- **Frederick Douglass**, nacido en la esclavitud, llegó a ser un estadista, filósofo y abolicionista cuyas palabras aún resuenan con poder universal.
- **Helen Keller**, nacida ciega y sorda, se convirtió en una oradora y activista de renombre mundial que transformó la comprensión pública de la discapacidad y el potencial.
- **Malala Yousafzai**, nacida en una zona rural de Pakistán bajo la amenaza de los talibanes, se convirtió en premio Nobel de la Paz por su inquebrantable creencia en la educación para todos.

Estas historias no son solo triunfos humanos. Son manifestaciones de la igualdad interior que todos llevamos dentro: una chispa que, al alimentarse, se transforma. Sus circunstancias eran muy diversas. Su acceso a privilegios era distinto. Pero la inteligencia interior —la fuente— era la misma.

La Naturaleza Inmutable de *la Inteligencia Universal*

La Inteligencia Universal no se ve afectada por la riqueza, el color de piel, la educación ni el género. No se distribuye por niveles ni se otorga por méritos. Es universal por diseño y está presente por igual en todos los seres vivos. No favorece a ningún pueblo, nación o linaje. Fluye a través de todos nosotros.

Este es el fundamento de **la verdadera igualdad** : no una igualdad de experiencias, sino una igualdad de origen. Mientras que la sociedad mide el valor por el estatus, el Universo lo mide por la esencia.

Cuando nos despojamos de lo que el mundo nos ha dicho, cuando disolvemos las ilusiones de separación, comparación y competencia, empezamos a vernos con claridad. Reconocemos la energía en la mirada del prójimo como la misma que habita en nosotros. Entendemos que apoyar el crecimiento del otro es nutrir el nuestro. Y en este espacio de reconocimiento mutuo, la transformación se hace posible, no solo para las personas, sino para las comunidades y para el colectivo.

Regresando a la Comunidad, Regresando a la Fuente

En un mundo construido para la división, unirnos es un acto revolucionario. Cuando regresamos a la comunidad —no como una estructura, sino como un estado de ser—, regresamos a una verdad sagrada: somos uno. Somos iguales. Estamos conectados. En esta conexión, encontramos no solo consuelo, sino también fortaleza. Porque no estamos destinados a recorrer este camino solos. Estamos diseñados para elevarnos, apoyarnos y guiarnos mutuamente, no en competencia, sino en colaboración.

Y esto se extiende más allá de la vida tal como la conocemos. La igualdad tejida por *la Inteligencia Universal* no termina en el umbral de la muerte. El viaje continúa. La misma fuerza que guía el nacimiento y la evolución aquí también nos impulsa más allá de esta dimensión.

Si recordamos esto, si lo vivimos, creamos espacio no solo para la iluminación personal, sino para el despertar colectivo. Porque ante los ojos del Universo, a la luz de *la Inteligencia Universal* , todos somos iguales. Y cuando vivimos desde esa verdad, nos convertimos en el puente hacia un mundo más compasivo y consciente.

Capítulo 4 – Todos Estamos Conectados

Nada en este mundo es independiente. Todo en este planeta y en el Universo existe en una red de conexiones. Esto va más allá de lo que la mayoría de nosotros en la sociedad consideraríamos conexiones. En nuestra sociedad actual, la definición se relacionaría con el trabajo, lo privado, la familia, la clase, la nación, el estado y lo internacional. Pero al aplicarse como principio de *Inteligencia Universal*, va mucho más allá.

¿Procedemos todos de la misma fuente? Si la teoría del Big Bang es cierta, sugiere que todo en el universo, incluyendo a los seres humanos, se originó a partir de una única masa. Esto refuerza el concepto de que todo proviene de la misma fuente.

En el ámbito del entrelazamiento cuántico, la mecánica implica que el Universo está conectado e interconectado a nivel subatómico. La completa interdependencia de cada molécula es compleja: si una se desplaza, la posición de todas se ve afectada. Esta regla puede ser válida independientemente de la distancia entre ellas. Uno de los ejemplos más conocidos de cómo esto podría ocurrir es uno de los fundamentos de la teoría del caos: el concepto de que el aleteo de una mariposa podría causar una tormenta al otro lado del mundo. Este concepto fue explorado originalmente por el meteorólogo Edward Lorenz cuando descubrió que pequeños cambios en las condiciones iniciales podían desencadenar efectos a largo plazo considerablemente diferentes. Utilizó la metáfora de la mariposa para ejemplificar esta noción. Si esto es cierto, entonces un acto aparentemente pequeño puede tener ramificaciones significativas en otra cosa.

A nivel cognitivo, es la conexión entre los pensamientos y la conciencia: qué, quién, cómo, cuándo y por qué son las preguntas principales que fundamentan la mayoría de los pensamientos y preguntas que influyen en nuestras vidas. Cada uno de nosotros tiene el potencial de influir en otro con sus acciones y palabras. Un buen ejemplo sería la frase "No puedo quitármelo de la cabeza". En este contexto, las conexiones pueden desempeñar un papel fundamental en nuestro estado emocional y en cómo pensamos y actuamos. Nuestros cerebros fueron diseñados para la asociación. Sus neuronas están diseñadas para acelerar la empatía y la comprensión. Las ondas mentales tienden a sincronizarse cuando las personas conversan, lo que confirma que trabajamos mejor juntos que separados.

Desde una perspectiva más espiritual o romántica, podríamos considerar la idea de una conexión espiritual o del alma, una conexión que va más allá de una relación típica. Puede crear un vínculo intenso, profundo y aparentemente inquebrantable. Posiblemente por eso, cuando algunos se conocen por primera vez, se sienten inmediatamente atraídos el uno por el otro, con una sensación de familiaridad y comodidad, como si se hubieran conocido antes, con un propósito más profundo en la conexión. Como dirían algunos: "Se sienten como en casa". Algunos incluso creen en la existencia de una conexión de "llamas gemelas". En ese caso, se cree que dos personas provienen de una misma alma y conciencia. Si bien no estamos aquí para confirmar ni negar dicha existencia, podría explicar la fuerte interconexión que profesan algunos, quienes incluso afirman, en algunos casos, la capacidad de comunicarse a nivel telepático.

Independientemente del nivel de una relación, es fundamental recordar que las interacciones con los demás no solo moldean al individuo, sino que también influyen en las comunidades, tanto locales como globales. Al reconocer la humanidad compartida, tenemos la oportunidad de fomentar la compasión y la empatía, apoyando la idea de que juntos prosperamos y fracasamos.

Desde una perspectiva universal, si todo está compuesto de energía, no hay principio ni fin, solo la transición de un estado a otro. Existe una conocida afirmación religiosa que refuerza esta visión: "De cenizas a cenizas, de polvo a polvo". La idea de que venimos del mismo punto de origen y a él volvemos. Muchas religiones establecidas también profesan la no dualidad, enfatizando que las diferencias entre los individuos y el Universo son ilusiones. Esto refuerza el concepto de que todos formamos parte de un todo mayor, que todos tenemos un origen y volvemos a la misma fuente. Esto se vincula con el concepto de que formamos parte de un diseño mayor, un plan generado por *la Inteligencia Universal* .

En el sentido biológico, los seres nacen y mueren, pero como la energía no se crea ni se destruye, significa que simplemente cambia de forma. Así, aunque un recipiente biológico deje de sobrevivir, la energía en su interior continúa fluyendo hacia otra forma, ya que la transformación energética implica un flujo constante que conecta todo. Ampliando este concepto, significaría que cada uno de nosotros no es solo un individuo solitario, sino una parte indivisa e integral de una red compleja.

Desde una perspectiva humanista, sería más beneficioso y responsable que las personas promovieran cada vez más un sentido de unidad y responsabilidad compartida, no solo por los demás seres humanos, sino también por todo lo que existe en este planeta. Actuar de esta manera no solo está en nuestras manos, sino también en nuestra responsabilidad. Esta podría ser una consideración más ética, ya que al considerar que todo tiene una interrelación simbiótica, podemos mejorar colectivamente nuestra situación, tanto para las generaciones presentes como para las futuras.

Todos estos ejemplos sirven como recordatorio de que nuestra existencia y la existencia de todas las cosas están entrelazadas: otro principio que refuerza que es resultado de *la Inteligencia Universal*.

Capítulo 5 - Todos Tenemos Acceso a la Sabiduría Divina

Hay una voz debajo del ruido.

Un conocimiento detrás de los pensamientos.

Una sabiduría más antigua que el lenguaje y más fuerte que las palabras, si tan solo nos quedamos lo suficientemente callados para escucharla.

Ésta es la Sabiduría Divina.

No está reservado para santos ni sabios. No está encerrado en las escrituras ni se otorga solo a los elegidos. No se gana con sacrificio ni se invoca con la perfección. Es inherente. Existe en cada ser vivo como una chispa de *Inteligencia Universal* : accesible, viva e infinita.Y, sin embargo, en un mundo que avanza cada día más rápido, también es fácil olvidarlo.

El Mito de la Autoridad Externa

Desde que nacemos, nos enseñan a buscar la verdad fuera de nosotros mismos. Padres, maestros, instituciones, medios de comunicación, datos, doctrina: estas son las fuentes en las que nos dicen que debemos confiar. El mundo nos inculca que el conocimiento está en manos de otros. Esas respuestas deben encontrarse en sistemas, expertos o tradiciones más antiguas que nosotros.

Pero *la Inteligencia Universal* habla diferente.

Nos dice que lo sagrado no está afuera, sino aquí. Esa sabiduría divina no es algo que adquirimos, sino algo que recordamos. Y ese recuerdo comienza en la quietud.

La neurociencia moderna respalda lo que las tradiciones espirituales han enseñado durante milenios. En 2011, investigadores de Yale y del Hospital General de Massachusetts[11] utilizaron resonancias magnéticas funcionales para demostrar que la meditación aquieta el sistema nervioso central (la parte del cerebro responsable de la preocupación, la rumia y la autorreferencia), y activa vías asociadas con la introspección, la compasión y la reflexión. En silencio, el cerebro no se apaga, sino que se despierta.

Y en ese despertar surge algo más profundo.

La sabiduría divina no llega en viñetas ni fórmulas. Surge del pozo interior de la conciencia, a través de la sensación, la visión, la intuición, la sincronicidad y, a veces, las lágrimas. No llega con certeza, sino con resonancia. Lo sabes no porque esté probado, sino porque lo sientes como verdad en un lugar al que la lógica no puede llegar.

No Hay Puertas Cerradas

No hay barreras entre tú y esta sabiduría - sólo ilusiones.

Cualquiera con un corazón abierto y una mente inquisitiva puede acceder a lo divino. No hay prerrequisitos. No hay iniciaciones. No se requieren credenciales intelectuales. La puerta se abre cuando te liberas del ego, liberas la necesidad de reconocimiento y te entregas a algo más grande que tu propio interés.

La sabiduría divina no es moneda corriente; no se puede acumular ni intercambiar. Es un don que fluye cuando pides claridad, no una recompensa. Cuando das sin esperar nada. Cuando buscas sin exigir. Cuando amas sin condiciones.

Ahí es cuando llega la sabiduría. No siempre en forma de truenos o profecías, sino a menudo en los momentos más dulces:

El silencio entre pensamientos.

La quietud antes del amanecer.

El momento en que un niño se ríe.

El segundo que perdonas.

En esas pausas sagradas, *la Inteligencia Universal* habla. Y las palabras son diferentes para cada persona.

El Camino No Es Lineal

Cada alma recorre un camino diferente. Lo que la divinidad revela a una persona puede ser radicalmente distinto de lo que revela a otra, y ahí reside su belleza.

No hay un GPS espiritual. No hay una lista de verificación para la llegada. La sabiduría divina no se atiene a plazos ni niveles de logro. Se desarrolla según la preparación, la resonancia y la voluntad.

Puede llegar a una persona a través del arte, a otra a través del dolor. A una a través de las escrituras, a otra a través de la soledad. Para algunos, es un gran avance. Para otros, un desarrollo lento que dura toda la vida.

Esa diversidad no es evidencia de confusión, sino de intimidad. Lo divino te conoce y habla tu idioma. Comparar tu despertar con el de otra persona es perderte el milagro del tuyo. Cada camino es sagrado. Cada paso es correcto.

El Eco del Colectivo

Aunque la sabiduría divina comienza en nuestro interior, se expande a través de los demás.

Cuando los seres despiertos se reúnen, ya sea para conversar, orar, escuchar música, en silencio o para trabajar juntos, se crea una resonancia. Como instrumentos que se afinan entre sí, amplificamos la frecuencia de la sabiduría en cada uno. Las perspectivas que no podemos encontrar solos a menudo afloran cuando nos sentamos en círculo, compartimos nuestras verdades y damos espacio a las verdades de los demás.

Por eso la comunidad es esencial en el camino. No como un sustituto del conocimiento interior, sino como un espejo, una lupa. En la comunión, lo Divino se hace audible de nuevas maneras.

Pero vivimos en un mundo lleno de estática. Nuestro tiempo se consume navegando, reaccionando, compitiendo y actuando. Nuestra atención está fragmentada. Nuestra consciencia sagrada se diluye por el ruido.

Rara vez escuchamos. Y por lo tanto, rara vez oímos.

Pero si recuperamos la quietud, si la protegemos como tierra sagrada, empezamos a recordar. No solo quiénes somos, sino lo que llevamos dentro.

Lo Divino Está Esperando

Hay una historia de los Padres del Desierto, místicos cristianos primitivos que se retiraron al silencio en el siglo III. Un joven monje le pregunta a su anciano: "¿Qué debo hacer para conocer a Dios?". El anciano responde: "Siéntate en tu celda, y tu celda te lo enseñará todo".

La sabiduría no estaba en el desierto ni en las palabras del anciano. Estaba en la quietud que creó el monje.

Esa quietud también vive dentro de ti.

Así que si estás buscando respuestas, detente.

Si te sientes abrumado, quédate quieto.

Si no estás seguro, respira.
La sabiduría ya está ahí.

No estás separado de ello.

No estás atrás.

No estás roto.

Simplemente estás siendo invitado a recordar.

Capítulo 6 - Todos Podemos Manifestar

Para empezar, te preguntarás qué es exactamente manifestar. Algunos pueden ser más desdeñosos y afirmar que se trata de 'pensamiento mágico', simplemente una creencia absurda de que las esperanzas y los sueños de una persona pueden influir en los resultados de la vida, ya que no está respaldada por evidencia científica. Sin embargo, creemos que no es un hechizo, sino una práctica, o más bien, una mentalidad relacionada con la Ley de Atracción. Se aplica como un Principio de *Inteligencia Universal* y es una práctica dedicada a utilizar la creencia, la intención, la acción y, sobre todo, una mentalidad positiva para atraer y lograr resultados positivos en la vida. Para manifestar, uno puede comenzar por refinar lo que desea, creer que puede lograrlo y luego comenzar a tomar medidas intencionales para alinearse con la realización.

Algunos de los métodos fundamentales para una manifestación efectiva son:

1. **Afirmaciones y Creencias**: En primer lugar, tener creencias y afirmaciones firmes y contundentes en tus aspiraciones y deseos es clave para obtener resultados positivos. Si creemos que nos sucederán cosas buenas, empezamos a irradiar energía positiva, que atraerá cosas buenas. Repetirnos afirmaciones positivas es otra forma de reforzar nuestras creencias.

Cuando empezamos a tener fe en las conclusiones positivas, también nos comunicamos y actuamos con optimismo, creando un entorno y unas condiciones favorables para que las cosas buenas se entreguen y reciban.

2. **Meditación**: Durante siglos, la meditación ha sido conocida por sus profundos beneficios, y la ciencia moderna confirma su impacto. Las investigaciones demuestran que la práctica regular puede reducir la ansiedad y el estrés, agudizar la memoria y la concentración, y mejorar el sueño. Al cultivar la paz interior, creamos espacio para una mayor autoconciencia, lo que favorece la manifestación de nuestras aspiraciones y objetivos más profundos.

3. **Establecer Intenciones**: Es vital establecer intenciones claras para tus deseos y metas. El Universo parece tener la costumbre de dar lo que se pide. Hay un dicho: "Si no pedimos, no recibimos". Así, si no pedimos algo, ¿cómo podemos esperar recibirlo? Al visualizar e incluso escribir nuestros resultados deseados, impulsamos nuestras energías para que nuestros deseos se hagan realidad. Visualizar imágenes mentales de nuestras metas alcanzadas, crear representaciones visuales de nuestras aspiraciones y metas (también conocidas como tableros de visión) puede servir como recordatorio diario, y escribir un diario puede servir para aumentar la confianza y

mantenernos en el camino hacia el éxito. La intencionalidad se basa en nuestros deseos, pero si no las escribimos ni creamos tableros de visión para que nuestras mentes se responsabilicen, es fácil perder el rumbo e invitar a la autoconversación negativa a nuestra órbita. La intencionalidad mental es un comienzo, pero el verdadero progreso solo se puede medir cuando la llevamos de un estado mental a una manifestación física.

4. **Tomar Acción**: Desear que algo se haga realidad no es suficiente. Manifestar requiere más que un simple deseo pasivo. Requiere que una persona se fije metas y luego tome medidas activas para alcanzarlas. Hay varias cosas que una persona puede hacer en forma de acción, ya sea aprender nuevas habilidades para lograr sus metas, expandir su red de contactos y, posiblemente lo más importante, hacer cambios en su estilo de vida que se alineen con sus metas o contribuyan a ellas. Esto puede consistir en abandonar viejos hábitos que ya no le sirven (adicciones, rumiar, etc.) y establecer relaciones más saludables con personas que estén más alineadas con sus aspiraciones. Elegir la acción, el trabajo duro y la determinación son la base para manifestar. En palabras de Pablo Picasso: "La acción es la clave fundamental de todo éxito".

5. **Busca Señales** : El Universo tiende a enviarnos señales, o uno podría notar sincronicidades que ocurren. Estas suelen ser indicaciones de que lo que buscas manifestar está por llegar o de que el Universo te está impulsando en una dirección diferente. Algunos creen en el poder de los números, a veces conocidos como 'números angelicales'. Puedes encontrarte mirando tu teléfono justo cuando son las 11:11, o tal vez estés cargando combustible y el precio en el medidor marque $55.55. En otros casos, estás pensando en una persona específica y de repente escuchas de ella, o suena una canción en la radio que se relaciona con tus pensamientos actuales. Este es el Universo, *la Inteligencia Universal* , recordándote que estás en un estado de fluidez, que estás en el camino correcto y te anima a continuar con tus esfuerzos.

6. **Abrazando la Gratitud** : Cuando comenzamos a incluir la gratitud en nuestra vida diaria, nos enfocamos en los aspectos más positivos. Al apreciar lo que tenemos, le indicamos al Universo que estamos disponibles para recibir más abundancia. Al incorporar la gratitud, no solo nos enfocamos en generar más energía positiva, sino que también aumentamos nuestro nivel de vibración y fortalecemos las conexiones neuronales de nuestra mente, esencialmente 'recableando el cerebro'. Con energía y vibración elevadas, incorporamos una actitud más positiva ante todo lo que enfrentamos en la vida. Y con

aceptación y perseverancia, la abundancia sin duda se manifestará.

7. **Disfruta del Viaje** : Al divertirnos y apreciar verdaderamente las experiencias de la vida, aumentamos nuestra capacidad para superar los desafíos y la resistencia. Los obstáculos y los contratiempos son naturales para todos en la vida. Pero al aceptarlos con confianza y mantener una actitud positiva, es más fácil encontrar soluciones. Randy Pausch, en su famosa 'The Last Lecture'[12] afirmó que "Los muros de ladrillo no están ahí para impedirnos el acceso, sino para mostrar cuánto deseamos algo". Se ha dicho: "En la vida no hay problemas, solo situaciones". Al adaptar esta mentalidad, cambiamos nuestros patrones de pensamiento, de orientados a los problemas a orientados a las soluciones.

Sobre todo, confía en el proceso; continúa con el trabajo interior necesario para ganar confianza, formar nuevos hábitos y mantener una mentalidad positiva. Como lo revela la Ley de Atracción, una mentalidad positiva genera energía y vibraciones positivas, que tienden a atraer cosas buenas a la vida. Todos estos métodos refuerzan el concepto de que *la Inteligencia Universal* contribuye a nuestra realidad y nos proporciona la confianza y la capacidad de autorrealización para que podamos cocrear con el Universo.

Capítulo 7 - El Puente Entre la Promesa y la Práctica

Hay un momento en cada viaje en el que el mapa se convierte en el camino, en el que la teoría debe convertirse en verdad y la verdad debe vivirse. En el que el sueño se convierte en acción. En el que la visión de tu corazón se integra al ritmo de tu vida.

Has leído las palabras. Has asimilado los principios. Has sentido la resonancia en lo más profundo de tu ser. Ahora viene el siguiente paso: La encarnación.

Este capítulo es ese momento. Hasta ahora, hemos explorado los Principios de *la Inteligencia Universal* : las promesas sagradas que esta inteligencia ofrece a toda alma viviente:

- Todos somos energía.
- Todos somos iguales.
- Todos estamos conectados.
- Todos tenemos acceso a la sabiduría divina.
- Todos tenemos la capacidad de manifestar

Estas no son solo ideas. Son leyes, no humanas, sino del cosmos. Son la arquitectura invisible que lo mantiene todo unido, desde la órbita de los planetas hasta el latido de tu corazón. Son la verdad subyacente a todas las verdades. Son verdades codificadas en nuestro ser: promesas susurradas desde la fuente que formó las estrellas y sembró tu alma. Y están disponibles para cada alma: inmutables, innegables y absolutas. Pero las promesas por sí solas no nos transforman. Es la práctica diaria de esas promesas lo que moldea nuestra experiencia.

Si los Principios son el modelo, entonces los Elementos son las herramientas que usas para construir tu vida. Sin los Elementos, los Principios permanecen distantes: ideales abstractos en lugar de realidades vividas. Para pasar del conocimiento a la vida, debemos despertar los Elementos en nuestro interior.

Este capítulo es tu punto de cruce: del saber al llegar a ser.

Una Metáfora: la Semilla y el Suelo

Piense en *la Inteligencia Universal* como una semilla plantada dentro de cada ser humano.

Los Principios son la huella genética de esa semilla: verdades inmutables que contienen el potencial de la vida, la belleza y la transformación.

Pero son los Elementos - la luz del sol, el agua y la tierra del alma - los que determinan cómo crece esa semilla. Los Elementos son tus hábitos espirituales diarios, tus instintos emocionales naturales y tus dones intuitivos. Son la forma en que lo divino se expresa a través de tu humanidad.

Donde los Principios son universales, los Elementos son personales

Donde los Principios son promesas cósmicas, los Elementos son tu camino único para honrar esas promesas.

Uno sin el otro te deja incompleto. Saber que estás conectado, pero negarte a cultivar la compasión, es como tener una semilla en la mano y nunca regarla. Creer en la sabiduría divina, pero ignorar la intuición, es como plantar esa semilla en tierra seca.

La semilla es real.

Pero es el cuidado lo que le da vida.

Los Elementos: Función Divina en Forma Humana

Rudimentos Son los mecanismos mediante los cuales *la Inteligencia Universal* se mueve dentro de ti. No son prácticas externas que debas dominar, sino herramientas internas que ya llevas dentro. Pueden permanecer latentes a veces, pero siempre están presentes.

Los seis elementos los temas que exploraremos en los próximos capítulos son:

1. La Percepción: La lente a través de la cual interpretas la realidad.
2. La Voluntad: El motor que impulsa tus decisiones.
3. La Razón – El puente entre el pensamiento y la comprensión.
4. La Imaginación – La puerta a la posibilidad.

Inteligencia Universal

5. La Memoria – La arquitectura del aprendizaje y la identidad.
6. La Intuición – El lenguaje de la verdad del alma.

Son más que facultades mentales. Son instrumentos sagrados: reflejos de *la Inteligencia Universal* que actúan a través de tu mente, tu cuerpo y tu vida. Cada uno tiene la capacidad de elevar o confundir, de liberar o enredar. Pero al sintonizarse conscientemente, se convierten en tu interfaz con lo divino.

El Poder Silencioso de los Elementos

Mientras que los Principios son constantes cósmicas, los Elementos son caminos profundamente personales. No son fórmulas rígidas. Son frecuencias flexibles, únicas para tu camino. No se dominan, sino que se exploran, refinan y viven a lo largo del tiempo.

Son hábitos de almas despiertas: no solo prácticas espirituales, sino experiencias profundamente humanas que nos recuerdan que lo sagrado no está separado de lo cotidiano. Está en él.

Los Elementos son cómo metabolizamos lo divino.

- Es a través de la Percepción que reconocemos lo divino en lo mundano.
- Es a través de la Voluntad que seguimos apareciendo cuando las cosas parecen imposibles.

- Es a través de la Razón que desenredamos el ruido y redescubrimos la claridad.
- Es a través de la Imaginación que soñamos con un futuro más bello y lo hacemos realidad.
- Es a través de la Memoria que cosechamos sabiduría de nuestras heridas.
- Es a través de la Intuición que escuchamos el susurro de lo que viene después.

Estos no son lujos. Son tus herramientas para alcanzar tu máximo potencial.

Por Qué Esto Importa Ahora

En un mundo adicto al ruido, la velocidad y la separación, recordar estos Elementos es un acto radical. Nos han enseñado a ignorarlos, a insensibilizarlos, a dudar de ellos. Nos han dicho que valoremos la productividad por encima de la presencia, la lógica por encima del conocimiento y la información por encima de la sabiduría.

Pero el mundo anhela plenitud. Integración. Profundidad.

Y eso comienza aquí: recordando que las herramientas para el despertar ya están dentro de ti.

No necesitas más credenciales. No necesitas permiso. No necesitas hacerte arreglos.

Sólo necesitas regresar a lo que siempre ha sido tuyo.

Y cuando lo haces, cuando comienzas a vivir los Elementos, no sólo a leer sobre ellos, pasas de ser un buscador a ser un recipiente.

Te conviertes en el puente.

De la promesa a la práctica.

Del conocimiento al saber.

Del concepto a la realización.

De la introspección a la integración.

Comprender los Principios es como leer las escrituras sagradas.

Vivir a través de los Elementos Es como escribir el tuyo propio.

Esta siguiente etapa de tu viaje te invita a pasar de la reflexión a la integración. No se trata de perfección. Se trata de consciencia. Se trata de honrar tu designio divino viviendo cada día con presencia y alineación.

No necesitas convertirte en otra persona.

Sólo necesitas recordar quién eres ya.

No se te pedirá que los domines, sino que los conozcas.

Para notar dónde están vivos ya en ti.

Atenderlos con curiosidad y amor.

Cada elemento es una puerta. Cada uno es una llave.

Juntos, desbloquean la plenitud de vuestra humanidad... y de vuestra divinidad.

Respira profundamente.

No estás entrando a un aula.

Estás entrando en ti mismo.

Al avanzar en los próximos capítulos, dedica tiempo a cada Elemento. Reflexiona sobre cómo se manifiesta en tu vida. Observa cómo cambia cuando lo honras. Escucha cómo te habla. Y, sobre todo, permite que te conecte más profundamente con la semilla de *la Inteligencia Universal* plantada en tu alma.

Porque cuando esa semilla crece - a través del amor, la presencia y la práctica - sucede algo extraordinario:

No sólo llevas sabiduría divina.

Te conviertes en ello.

Capítulo 8 – La Percepción

El **Diccionario Oxford** define la Percepción como:

- La capacidad de ver, oír o tomar conciencia de algo a través de los sentidos.
- El estado del ser o proceso de tomar conciencia de algo a través de los sentidos.
- Una manera de considerar, comprender o interpretar algo; una impresión mental.
- Comprensión y percepción intuitiva.

La Percepción es el receptor que nos proporciona el canal para experimentar plenamente todo este mundo y lo que el Universo nos ofrece en nuestra forma humana. Dado que la Percepción se aplica como un elemento de *la Inteligencia Universal*, estas son algunas de las observaciones más pertinentes que podrían aplicarse:

1. Entrada Sensorial: Nuestros sentidos humanos naturales nos llevan a depender de los cinco sentidos comúnmente identificados (oído, vista, olfato, gusto y tacto), que se identifican oficialmente como exterocepción, o sensación que se origina desde fuera del cuerpo. Luego está la propiocepción, que es la sensación sobre la posición y el movimiento de nuestro cuerpo. Y finalmente, está la interocepción, que es la sensación que se origina desde dentro del cuerpo, como el latido del corazón. Además, para quienes están en contacto con su yo superior, hay sensaciones que pueden guiarse por la intuición y la comunicación telepática. La entrada y el procesamiento sensorial son la forma en que la mente evalúa cómo el entorno está afectando a su cuerpo. Para los sentidos externos, podría ser el olor de una flor, el sabor de una naranja o posiblemente el sonido del viento susurrando entre los árboles. ¿Cómo afecta esto a nuestro cuerpo y cómo reaccionamos a tales estímulos?

Al organizar y distinguir cada sensación, el cuerpo puede reaccionar eficazmente en su entorno. Si percibimos una situación peligrosa, nos alejamos. Si oímos un sonido desconocido, nos alertamos. Si olemos algo atractivo, nos acercamos. Si sentimos algo afilado, nos alejamos.

En el caso de la propiocepción, las sensaciones internas de nuestro cuerpo nos ayudan a movernos y nos permiten identificar acciones, ubicaciones y movimientos. Los sistemas vinculados a este tipo de percepción son las articulaciones, los ligamentos, los músculos y los huesos. Esto contribuye a lo que podríamos llamar nuestro 'sexto sentido' y se relaciona con estímulos sensitivos como el equilibrio, el dolor, la posición y la temperatura.

La interocepción implica la consciencia de nuestras funciones corporales internas. Algunas son conscientes, mientras que otras son inconscientes, pero todas estas funciones son resultado de la íntima conexión entre el cuerpo y el cerebro. La respiración, la frecuencia cardíaca, el hambre y la sed serían ejemplos claros de esta interconexión cuerpo-cerebro.

La complejidad de estas diversas redes y sistemas, estas diversas y magníficas capacidades sensoriales, evidencian que son el resultado de una gran arquitectura orquestada por un poder superior. Son otra confirmación de la existencia de *la Inteligencia Universal* .

2. **Procesos Cognitivos**: También conocidos como procesos mentales, se pueden identificar como los procesos activos en el cerebro mediante los cuales interpretamos y organizamos dinámicamente los datos sensoriales para manifestar experiencias significativas. Incluyen actividades como la atención, la emoción, el aprendizaje, la memoria, la percepción, la resolución de problemas y el razonamiento.

Estos procesos impactan nuestro funcionamiento diario, nuestro desarrollo y aprendizaje, nuestra salud mental e incluso nuestro proceso de envejecimiento. Los estudios indican que estas habilidades están vinculadas a diversas regiones del cerebro. En lugar de que las funciones se originen en una sola región, la mente actúa en conjunto con múltiples regiones a través de una compleja red neuronal. O como afirma el profesor Adrian Owen de Creyos Health: "Cada función cognitiva no está representada por una parte separada del cerebro. En cambio, las regiones cerebrales trabajan juntas de maneras tremendamente superpuestas y complejas para producir estos procesos cognitivos."

En esencia, estos procesos constituyen los pilares de nuestras acciones, pensamientos e interacciones en el mundo. La enorme complejidad de estos sistemas y sus capacidades apuntan, una vez más, a un gran diseño proporcionado por *la Inteligencia Universal*.

3. **Subjetividad**: Lo que percibimos es subjetivo a nivel individual. Cada uno de nosotros tiene la capacidad de recibir los mismos estímulos e interpretarlos de forma diferente a otro. Esto puede verse influenciado por nuestra perspectiva única, así como por nuestras propias expectativas y/o experiencias. De esta manera, la subjetividad depende tanto de nuestras mentes, nuestras experiencias y nuestros entornos. Un gran ejemplo es la parábola de los ciegos y el elefante. Un grupo de ciegos se encuentra con un elefante por primera vez. Cada hombre toca una parte diferente del animal: la oreja, la pata, el costado, la cola y la trompa. Basándose en su experiencia limitada, cada uno se forma una idea diferente de lo que es el animal. La historia demuestra que el punto de vista de un individuo puede ser completamente diferente al de otro, incluso cuando se le proporcionan estímulos similares. ¿Tiene uno razón y el otro no? Para responder a esta pregunta, se convierte en un punto de discusión filosófica.

Disciplinas como las matemáticas suelen considerarse la cumbre de la objetividad - reglas, fórmulas y resultados claros que parecen innegables, especialmente en sus formas más básicas. Sin embargo, a medida que las matemáticas avanzan hacia niveles más elevados de abstracción, comienzan a asemejarse a la filosofía, donde la subjetividad y la interpretación pueden moldear la comprensión de las verdades. Platón argumentaba que campos como la geometría no eran meros sistemas prácticos, sino puertas de entrada a la filosofía idealista, que apuntaban a verdades universales que existen independientemente del individuo. En este sentido, las matemáticas pueden considerarse como un espectro - objetivas en sus fundamentos, pero metafísicas en sus expresiones superiores.

Este ideal y la obra de muchos otros filósofos respaldan el concepto de que los pensamientos y las perspectivas se originan en el individuo. Posiblemente esta sea la razón por la que existen tantas religiones en el mundo, ya que uno puede sostener creencias como verdades que otro refuta. Por lo tanto, la subjetividad se basa en la percepción personal, independientemente de lo que se haya demostrado o considerado objetivo. Ya sea periodística, política, religiosa o científica, la subjetividad proporciona a cada uno la capacidad de individualizarse y de extraer sus propias conclusiones de las acciones, los acontecimientos y los pensamientos de su mundo.

La subjetividad sustenta el concepto de que no somos solo un colectivo, una colmena de zánganos sin identidad individual, sino que cada uno de nosotros es una entidad separada y única, dotada de la capacidad de compartir una perspectiva exclusiva. Si el mundo es un libro para colorear, cada individuo tiene su propio conjunto de pinturas para colorear el mundo, en beneficio de toda la sociedad. Esto nos vincula con el concepto de que fuimos creados por diseño inteligente para operar de esta manera. Cada uno puede defender sus verdades y compartirlas para expandir la conciencia del colectivo. Este es otro gran ejemplo del poder y el potencial de *la Inteligencia Universal* .

4. **Significado - Creación**: El objetivo de la Percepción es reconocer objetos, definir nuestro entorno, apreciar las relaciones y reaccionar correctamente a las motivaciones. Cada uno de nosotros tiene el potencial de procesar los acontecimientos de la vida para comprender nuestra existencia y nuestro papel en ella. Este término parece haberse originado a finales de la década de 1970 por el psicólogo Robert Kegan. Como escribió, "El ser humano es creador de significado." En otras palabras, tenemos la capacidad, como seres, de derivar significado de nuestra existencia para organizar e implementar cambios que la enriquezcan. Nuestras experiencias e influencias nos brindan la capacidad de ajustar nuestros comportamientos y afrontar todos los cambios en nuestras vidas.

En esencia, se nos otorga la capacidad de ser resilientes al enfrentar los desafíos de la vida. Esta estrategia puede tener un impacto positivo en varias facetas de nuestra vida: brindar compasión a los demás, fortalecer los lazos familiares, iniciar cambios en el estilo de vida, aportar mayor valor a nuestras vidas, superar el duelo, así como... Apoyando el crecimiento espiritual.

El significado puede ser el agua que nutre nuestros jardines personales, la forma que se moldea, la oscuridad que se transforma en luz y el medio para construir cimientos más sólidos. Es otro ejemplo, otra instancia de la fuerza guía, sustentadora e ilimitada que revela el constructo de la *Inteligencia Universal* .

Capítulo 9 – La Voluntad

El **Diccionario Oxford** define la Voluntad como:

- La facultad por la cual una persona decide e inicia una acción.
- Control ejercido deliberadamente para hacer algo o restringir los propios impulsos.
- Un fuerte deseo o determinación.
- La capacidad de elegir o decidir; el poder mental de control sobre las propias acciones o emociones.

En esencia, la Voluntad es simple y profunda. Es la energía que impulsa la decisión. Es la fuerza silenciosa que impulsa cada acción que realizamos. Es el puente entre el pensamiento y el movimiento, entre la intención y el resultado. Y en relación con la *Inteligencia Universal*, la Voluntad es el motor interno sagrado otorgado a todos los seres vivos, que nos permite cocrear con el Universo mismo.

1. El Motor Interno del Potencial Humano

La Voluntad no es solo determinación. Es vitalidad. Es el impulso de la vida que te impulsa a seguir adelante, incluso contra todo pronóstico. Es lo que te levanta por la mañana. Es lo que te impulsa a seguir adelante cuando la lógica te dice que pares. Es lo que alimenta tus sueños, soporta tus cargas y te lleva hacia la verdad incluso cuando el camino no está claro.

Desde un punto de vista neurológico, la Voluntad puede asociarse vagamente con la corteza prefrontal, la parte del cerebro involucrada en la planificación, el establecimiento de metas y la toma de decisiones. Es una de las funciones cerebrales humanas más avanzadas y distintivas. Sin embargo, la ciencia aún no puede explicar por completo qué impulsa nuestros impulsos más profundos: qué lleva a alguien a arriesgar su vida por otro, a superar obstáculos abrumadores para sobrevivir, o a correr hacia una visión que solo él puede ver. Estas no son decisiones lógicas. Son actos de voluntad: evidencia de algo más profundo en acción.

La voluntad es el principio activo de *la Inteligencia Universal*. Cuando el alma recibe guía a través de la intuición y la percepción, la voluntad la toma y la pone en marcha. No es reactiva, es generativa. Es el poder de decir: "Yo elijo".

2. Diseño vs. Dirección: La Danza del Libre Albedrío

Uno de los debates más atemporales en filosofía y teología es éste: ¿Nuestras vidas están predeterminadas o realmente tenemos libre albedrío?

La Inteligencia Universal ha revelado que no se trata de una cuestión de 'o esto o aquello'. Más bien, se trata de una relación entre diseño y dirección.

Así como un árbol está programado para alcanzar la luz del sol, los humanos estamos programados con propósito, capacidad y posibilidad. *La Inteligencia Universal* ha creado el marco —el plano sagrado— para cada uno de nosotros. Pero este plano no es una jaula. Como el árbol que se inclina hacia un nuevo rayo de luz, nosotros también podemos elegir nuestro crecimiento.

La Voluntad es la forma en que navegamos por el diseño.

Te dieron una embarcación. Te pusieron en un río. Pero si te dejas llevar por la corriente o tomas los remos, esa es tu decisión.

En el mundo actual, muchos han optado por la deriva. Nos bombardean con tanta información, ruido y distracciones que es fácil rendirse a la pasividad: dejar que el mundo decida por nosotros qué importa, quiénes somos y adónde vamos. Esto no es un defecto de carácter; es una pérdida de conexión. Un olvido.

Pero *la Inteligencia Universal* nunca retira la invitación.

En cualquier momento, puedes retomar el rumbo. Puedes regresar al plano divino. Puedes asociarte con la brújula de tu alma y decidir no solo existir, sino vivir.

3. Límites Sagrados y Deseo Alineado

Es importante reconocer que la voluntad no es un poder infinito. No puedes, por voluntad propia, convertirte en algo completamente ajeno a tu designio divino. Una persona nacida con alma de poeta puede no convertirse en astrofísica, así como un árbol no está hecho para nadar. Pero eso no disminuye su poder ni su propósito.

El papel de la voluntad no es anular tu diseño: es activarlo.

Requiere escucha. Discernimiento. Alineación. La voluntad, cuando se usa solo con el ego, se vuelve poderosa, destructiva o delirante. Pero cuando la voluntad se combina con la humildad, la autoconciencia y la conexión espiritual, se convierte en una fuerza de belleza. Se convierte en propósito en movimiento.

No estás destinado a convertirte en nada.

Estás destinado a convertirte en ti mismo.

4. Prueba de Lo Imposible

Hay historias en todas las culturas sobre la voluntad que desafía la lógica:

- Una madre levanta un coche para salvar a su hijo.
- Un paciente con cáncer que sobrevive más allá de las expectativas médicas.
- Un excursionista perdido que camina durante días sin comida ni agua para encontrar ayuda.
- Un artista que crea frente a la pobreza, la pérdida y el rechazo.

Estas no son anomalías. Son recordatorios de que, incluso en un mundo de razón y probabilidad, la voluntad deja espacio para lo milagroso.

La biología por sí sola no puede explicar la resistencia y la determinación que han forjado civilizaciones, reescrito la historia o superado traumas profundos. Hay algo más en juego, algo sagrado. Algo inteligente.

Y ese algo vive dentro de ti.

5. La Maravilla de la Voluntad en Todos los Seres Vivos

La Voluntad no es exclusiva de los humanos. Se encuentra en toda la vida.

¿Qué impulsa a un ciervo a abandonar su isla natal para nadar hacia costas desconocidas, solo para ser capturado por una orca? ¿Qué impulsa a un salmón río arriba contra todo pronóstico para regresar a casa? ¿Por qué una flor florece a través del hormigón?

No hay promesa de supervivencia. No hay recompensa garantizada. Y, sin embargo... la vida elige avanzar.

Éste también la Voluntad.

Y refleja la presencia de *la Inteligencia Universal* obrando en todos los seres vivos. Un impulso omnipresente de expansión, de expansión, de evolución. A veces irracional. A veces nefasto. Pero siempre vivo.

6. La Voluntad Como Práctica Espiritual

En tu propia vida, la Voluntad no es solo un momento de determinación, es una práctica. Un cultivo. Una redefinición diaria de tu alineación con la verdad.

La Voluntad es lo que te permite respirar durante el dolor.
La Voluntad es lo que te ayuda a levantarte una vez más.
La Voluntad es lo que susurra: "Inténtalo de nuevo", cuando el mundo dice: "Ríndete".
La Voluntad no es perfección, es participación.

Se te pide una cosa: que te presentes.

En quietud o en movimiento. Con claridad o confusión. Simplemente preséntate. Porque cada vez que lo haces, le recuerdas al Universo que no estás dormido, sino despierto. Estás aquí. Estás eligiendo.

Y en el momento que tú eliges, la Inteligencia Universal se mueve contigo.

Reflexión Final

La Voluntad no es el destino. Ni siquiera es el camino.
Es la pisada.
La elección de moverse.
El sí sagrado.

No eres impotente. Nunca lo has sido.

El diseño divino está esperando.
La corriente está debajo de ti.
Los remos están en tus manos.

Elige remar.

Capítulo 10 - La Razón

La Razón es otro elemento profundo que aplicamos en nuestra vida cotidiana, actuando como sustantivo y verbo. Según el **Diccionario Merriam-Webster,** su definición como sustantivo podría ser:

- Una declaración ofrecida como explicación o justificación.
- Un fundamento o motivo racional.
- Lo que hace que un hecho sea inteligible.
- Una base suficiente de explicación o de defensa lógica.
- El poder de comprender, inferir o pensar especialmente de manera racional y ordenada.

Como verbo, se describe como:

- Utilizar la facultad de la razón para llegar a conclusiones.
- Hablar con otra persona para influir en sus acciones u opiniones.
- Descubrir, formular o concluir mediante el uso de la razón.
- Persuadir o influir mediante el uso de la razón.
- Justificar o respaldar con razones.

En el contexto de *la Inteligencia Universal*, la Razón puede aplicarse de la siguiente manera:

1. Para muchos, esta es la esencia de la lógica en su máxima expresión: la fuerza silenciosa para mantener la claridad, la firmeza y el pragmatismo en medio de las tormentas de la vida. Es la disciplina mental para buscar la verdad incluso cuando las emociones amenazan con nublar la percepción. Es el don de *la Inteligencia Universal* que nos recuerda que la razón puede ser un ancla que nos mantiene centrados cuando el caos nos rodea.

2. En otras circunstancias, puede considerarse la excusa o justificación de una acción o decisión. En este caso, es la justificación de una acción o sentimiento específico: "Derramé la leche porque soy torpe" o "No entregué la tarea porque mi perro se la comió". Es el acto de demostrar o sustentar que algo es correcto, apropiado o válido. Puede ser el argumento que sustenta nuestras creencias: la fuerza que justifica que nuestras acciones sean coherentes, responsables y fundamentadas.

3. En otras aplicaciones o situaciones, puede considerarse la base o la fuente de un suceso. "Fue la razón por la que ocurrió el accidente". En este caso, sirve como explicación de un conjunto de observaciones. En este contexto, es la causa de un episodio físico o mecánico. Nos permite extraer conclusiones: puede ser el 'qué', el 'por

qué', el 'cómo' y el 'cuándo' durante nuestras investigaciones.

Aplicada al concepto de *la Inteligencia Universal*, la Razón puede entenderse como el camino más práctico a seguir. Un buen ejemplo podría ser: "Seamos razonables". Es la base de la inteligencia, la cordura y los procesos de pensamiento consciente. Es la fuente para aplicar la lógica y el pensamiento sistemático al analizar conceptos, abordar argumentos y abordar preguntas fundamentales que se relacionan con nuestra existencia y nuestros valores de la existencia humana, y el mundo en general. Como afirmó Immanuel Kant, "Nada es divino sino lo que es agradable a la razón" Tomás de Aquino lo llevó un paso más allá al deducir que la Ley Natural es una participación en la ley eterna de Dios a través de la razón humana. Como afirmó, "La luz de la razón es colocada por la naturaleza en cada hombre para guiarlo en sus actos". De esta manera, la Razón opera como el pegamento que mantiene unido el tejido de la humanidad frente al caos. Es el vínculo proporcionado por *la Inteligencia Universal* para garantizar la seguridad frente a lo desconocido.

La Razón es adecuada para todas las estaciones.

Es el método en medio de la locura.

Es la calma en el centro de la tormenta.

Es la garantía en la posibilidad de la incertidumbre.

Capítulo 11 – La Imaginación

Y luego está la Imaginación, la capacidad de crear conceptos, ideas e imágenes. Según el **Diccionario Oxford**, la imaginación se puede definir como:

- La facultad o acción de formar nuevas ideas, imágenes o conceptos de objetos externos no presentes a los sentidos.
- La capacidad de la mente para ser creativa o ingeniosa.
- La parte de la mente que imagina cosas.

La Imaginación, en cuanto elemento de *la Inteligencia Universal*, puede aplicarse en nuestras vidas a través de los siguientes conceptos:

1. En su estado más puro, la Imaginación es la base de la creatividad y la innovación. Es la cuna de nuevas ideas, inventos y expresiones artísticas. Albert Einstein probablemente lo expresó mejor: "La imaginación es más importante que el conocimiento. Porque el conocimiento es limitado, mientras que la imaginación abarca el mundo entero, estimulando el progreso y dando origen a la evolución". Es la chispa que enciende el fuego, la materia prima de la que surgen nuevas ideas, innovaciones y opiniones. Es la respuesta al vacío aún no experimentado. Es la capacidad de ir más allá de lo aún no explorado.

2. También es una herramienta clave para la resolución de problemas, ya que nos permite explorar posibilidades, simular escenarios y generar caminos para superar los desafíos. Cristaliza posibilidades, desafíos y preguntas aún sin respuesta. Como dijo Malcolm Forbes: "Es mucho más fácil sugerir soluciones cuando no se sabe mucho sobre el problema". La Imaginación nos proporciona las herramientas para proponer nuevas respuestas o resoluciones ante el abismo. Es la perspectiva fresca a una vieja pregunta, la mejor solución a un obstáculo que ya se creía abordado. Es la base de la innovación: llevarla al siguiente nivel, atreverse a ir donde nadie ha ido antes, sin dudarlo.

La Imaginación, como la llamamos comúnmente, no se limita a la sensibilidad humana; es una chispa presente en todos los seres vivos. En los humanos, se manifiesta como el mecanismo del "¿qué pasaría si...?": la fuerza que plantea preguntas, traspasa límites y abre puertas a nuevos conocimientos. En otras formas de vida, se manifiesta como creatividad adaptativa: las plantas se adaptan a la luz de maneras novedosas, los animales desarrollan nuevos patrones de supervivencia, los ecosistemas se reorganizan para mantener el equilibrio. Sea cual sea su manifestación, la imaginación es el primer paso hacia la evolución, el progreso y la redefinición.

Desde la formación de un nido de pájaro hasta la construcción de grandes ciudades, la Imaginación impulsa el mundo hacia adelante. Es la luz que ilumina caminos inexistentes. Una vez más, nos recuerda otro poderoso don de *la Inteligencia Universal* para ampliar los horizontes y los caminos de la humanidad.

La Imaginación es el secreto de la salsa.

Es la voz en el silencio.

Es la semilla que nutre el jardín.

Es clave abrir las puertas a las posibilidades.

Es el puente que conecta las ideas con la realización.

Es el océano ilimitado en el que uno puede explorar sus profundidades.

Atrévete a soñar, atrévete a *imaginar* .

Capítulo 12 – La Memoria

El **Diccionario Oxford** define la Memoria como:

- La facultad por la cual la mente almacena y recuerda información.
- El poder o proceso de reproducir o recordar lo que se ha aprendido y retenido.
- Algo recordado del pasado, un recuerdo.
- La capacidad de un material, dispositivo u organismo para retener y almacenar información.

La Memoria es más que un recuerdo. Es un fundamento.

Es el andamiaje del yo, el archivo de experiencias que te permite aprender, adaptarte, relacionarte y evolucionar.

Es así como sabes quién eres, dónde has estado y qué es lo que más importa.

Como Elemento de *la Inteligencia Universal* , la Memoria no es un almacenamiento pasivo, sino una función sagrada. Conecta tu pasado con tu presente. Da continuidad a tu identidad. Y, al alinearse con la consciencia, se convierte en una profunda herramienta espiritual para el crecimiento y la transformación.

1. Programación: La Entrada de la Experiencia

Desde el momento en que llegas a este mundo, tu cuerpo y tu mente empiezan a registrar imágenes, sonidos, sensaciones, historias. Estas experiencias se filtran, codifican y se les asigna un significado según tu desarrollo, entorno y creencias.

La neurociencia nos dice que la nueva información forma vías neuronales en el cerebro, que se fortalecen con el tiempo mediante la repetición y la intensidad emocional. Estas vías actúan como vías en la mente, moldeando no solo cómo recordamos el pasado, sino también cómo interpretamos el presente. En otras palabras: tu memoria influye en tu realidad.

Pero incluso este proceso científico no es exacto. Dos personas pueden experimentar el mismo momento y recordarlo de maneras completamente distintas, algo que especialistas en trauma, maestros espirituales e incluso profesionales de la ley han comprendido desde hace tiempo. En innumerables casos criminales, los testigos oculares recuerdan versiones muy diferentes del mismo evento. Los detalles cambian. Los rostros se difuminan. Las emociones llenan los vacíos.

Esto no es un fracaso. Es un recordatorio:

La Memoria no es un disco duro.

Es un filtro vivo que respira: maleable, subjetivo y humano.

Y eso lo hace poderoso.

Porque si la Memoria puede dar forma a la realidad, entonces la Memoria consciente puede dar forma al destino.

2. Almacenamiento: El Archivo Viviente

La información que recopilas, consciente o inconscientemente, se almacena en todo tu cuerpo y cerebro. No solo en el hipocampo o la corteza cerebral, sino también en tu sistema nervioso, tus músculos e incluso tu campo energético. La ciencia moderna confirma lo que las antiguas tradiciones de sabiduría siempre han sabido: el cuerpo recuerda.
Las emociones almacenadas, los traumas no procesados y el dolor generacional son parte de tu archivo viviente.

La Memoria no es sólo lo que piensas: es lo que llevas contigo.

Por eso la curación requiere más que pensamiento.

Por eso la práctica espiritual es esencial.

Por eso, volver a *la Inteligencia Universal* no es sólo un ejercicio cerebral: es un realineamiento holístico.

Cuanto más conozcas tu archivo, más podrás recuperarlo.

No reescribiendo tu pasado, sino replanteando tu relación con él.

Inteligencia Universal

3. Recuperación: Qué Recordamos y Por Qué

El acto de recordar no es neutral. Es selectivo, influenciado por la emoción, el enfoque, la expectativa y la creencia. Recuperas lo que estás listo para recibir. Pero el peligro reside en asumir que lo que recuerdas está completo. La memoria se moldea tanto por la percepción como por los hechos. Con el tiempo, los detalles de tu historia se distorsionan, se estiran o se desvanecen. Lo que antes era nítido se suaviza. Lo que antes era doloroso se vuelve poderoso. O viceversa.

Esto no es un defecto. Es una misericordia sagrada.

La Inteligencia Universal nos permite recordar de manera diferente, porque cambiamos.

Y a medida que cambiamos, nuestra memoria evoluciona con nosotros, no para engañar, sino para servir.

Aun así, esta maleabilidad es la razón por la que resulta vital anclar tu verdad en el momento presente.

Herramientas como el diario, el tablero de visión y la reflexión no son trucos de autoayuda. Son contenedores espirituales. Capturan la Memoria mientras está fresca. Registran tu claridad antes de que el ruido regrese. Se convierten en espejos que te recuerdan quién eras cuando tu corazón estaba abierto, cuando tu visión estaba alineada, cuando tu conocimiento era puro.

Y le dan a tu yo futuro una atadura para mantenerse conectado con tu verdad.

4. La Subjetividad de la Memoria

Puedes sentar a cinco personas en una habitación, presenciar un suceso y recibir cinco relatos diferentes de lo sucedido. Algunos se contradirán. Otros pasarán por alto detalles. Algunos parecerán realidades completamente diferentes.

¿Alguien miente? No necesariamente.

Porque la memoria es personal. Pasa a través de la lente de tu pasado, tus creencias, tu trauma, tu esperanza. La mente llena los espacios en blanco. El corazón colorea la percepción. Y tu alma busca significado en todo ello.

Por eso la memoria compartida - historias familiares, historias nacionales, mitologías culturales - puede ser a la vez unificadora y divisoria. Lo que una persona recuerda como sagrado, otra puede recordarlo como dañino. No es el acontecimiento lo que define la verdad, sino la conciencia que subyace al recuerdo.

Cuando sostenemos la Memoria con humildad, dejamos espacio para múltiples verdades.

Cuando lo sostenemos con reverencia, vemos que cada Recuerdo es una ventana al alma de quien lo contempla.

Y cuando lo sostenemos con amor, permitimos que se convierta en una herramienta de curación, no sólo para nosotros mismos, sino para nuestro colectivo.

5. La Memoria Como Camino Hacia la Paz

A muchos nos atormentan los recuerdos, atrapados en círculos de arrepentimiento, vergüenza o nostalgia. Repasamos lo que no podemos cambiar. Ensayamos lo que desearíamos haber hecho de otra manera. Dejamos que el pasado se apodere de nuestro presente.

Pero la Memoria no fue diseñada para esto.

La Memoria no está destinada a ser una prisión. Está destinada a ser una maestra.

La Inteligencia Universal te dio Memoria no para revivir tu dolor, sino para aprender de él. Para evolucionar. Para recordar lo que importa. Y para llevar ese recuerdo con gracia, no con pena.

Y cuando empiezas a moldear conscientemente tu Memoria —cuando escribes en tu diario, dices la verdad, cuentas tu historia, reestructuras tu narrativa— recuperas tu vida. Haces que la mente sirva al corazón.

Te conviertes en el autor de tu archivo interior.

Reflexión Final

La Memoria es un regalo de *la Inteligencia Universal*, tanto personal como profunda.

Es el semillero del significado, el espejo de tu devenir y el eco del viaje de tu alma.

Pero no es fijo. No es perfecto. Y no es definitivo.

Como todos los elementos, se vuelve sagrado cuando se lo cuida.

- Registra lo que importa.
- Reflexiona con honestidad.
- Recuerde con compasión.
- Deja ir lo que ya no sirve.

Porque cuando alineas tu Memoria con la Presencia, aquietas la mente inquieta.

Sales de la supervivencia.

Y vuelves a lo real.

Tu pasado no te define.

Pero tu recuerdo puede refinarte.

Déjalo.

Capítulo 13 – La Intuición

El **Diccionario Oxford** define la Intuición como:

- La capacidad de comprender algo instintivamente, sin necesidad de razonamiento consciente.

- Una cosa que uno sabe o considera probable a partir de un sentimiento instintivo más que de un razonamiento consciente.

- Percepción o comprensión inmediata que no requiere un pensamiento racional evidente.

A primera vista, la Intuición puede parecer misteriosa o incluso poco fiable, especialmente en una cultura que venera la lógica y la comprobación. Pero bajo la superficie de la mente cotidiana se esconde una inteligencia más profunda. Una frecuencia. Una brújula. Una *voz sin lenguaje*.

Esta es la Intuición: la fuerza silenciosa que te alinea con tu camino más elevado, la verdad de tu alma y la guía de *la Inteligencia Universal*.

1. La Frecuencia del Conocimiento

La Intuición no es emoción. No es impulso. Es **claridad sin contexto**. Un conocimiento que trasciende el pensamiento. Una alineación repentina y silenciosa que dice: *'Esto está bien'* o *'Esto está mal'*, incluso cuando no se puede explicar por qué.

Es el empujoncito para llamar a alguien de repente, solo para descubrir que lo necesitaba.
Es el mensaje sereno y claro para abandonar una situación, o quedarse en ella, cuando la lógica diría lo contrario.

Es el pulso de la conciencia que surge no del miedo, sino de la profunda *paz interior*.

La Intuición no se activa con el pánico, como sí lo hace la ansiedad.

Donde la ansiedad surge del ruido mental y la proyección hacia el futuro, **la intuición surge de la quietud** . No proviene de la mente, sino del alma. Y cuanto más te alineas con la Inteligencia Universal, más potente y fiable se vuelve.

2. Cuando el Susurro se Convierte en Rugido

Para la mayoría, la Intuición comienza como un susurro.

Podría guiarte a cambiar de planes, evitar un camino determinado o tomar uno nuevo: ajustes aparentemente pequeños que luego resultan transformadores. Hay innumerables historias en todo el mundo de personas que escucharon este susurro y, sin saberlo, evitaron la tragedia.

- Un viajero de Nueva York perdió el tren el 11 de septiembre porque algo le dijo que tomara un café.

- Una mujer Japonesa decidió no abordar el ferry que luego se hundiría cerca de las costas de Corea del Sur.

- En 2004, algunos miembros de tribus indígenas Andamaneses huyeron tierra adentro momentos antes de que se produjera el tsunami del océano Índico, percibiendo el peligro por los cambios en la presión del aire y el comportamiento animal, mucho antes de que sonaran los sistemas de alerta modernos.

- En Julio de 2025, surgieron informes de ballenas beluga que aparecieron en las costas rusas antes de un terremoto, lo que sugiere una conciencia biológica intuitiva que va mucho más allá de los sistemas humanos.

No son coincidencias. Son ecos de *la Inteligencia Universal*, transmitidos a través del Elemento de la Intuición.

Cuando se nutre, la intuición deja de susurrar. **Se convierte en un rugido**. Se convierte en tu forma de ser, tu guía de confianza en el mar de posibilidades.

Pero esta transformación no ocurre por casualidad.

3. La Disciplina de la Quietud

Para escuchar la intuición Claramente, primero debes aprender a silenciar el ruido.

Vivimos en un mundo que nos condiciona a *dudar de lo silencioso*, a *desconfiar de lo invisible*. Nos vemos bombardeados por distracciones: notificaciones, opiniones, miedos y la constante estimulación de la vida moderna. En este caos, la señal de la intuición puede distorsionarse, sepultada bajo el desorden de la mente pensante.

Por eso **la Intuición es una práctica**.

Requiere tiempo.
Quietud. Reflexión.

Te pide que te desconectes, que escuches y que confíes en lo que sientes incluso cuando contradice lo que ves.

Prácticas como la meditación, la inmersión en la naturaleza, la oración, la respiración y el diario no son lujos espirituales, sino herramientas de sintonización. Te ayudan a recuperar la frecuencia natural de la Intuición, donde *la Inteligencia Universal* puede hablar sin interrupciones.

4. La Intuición en el Mundo Natural

La Intuición no es algo exclusivo de los humanos: está entretejida en la estructura de toda la vida.

- Los árboles alterarán el sabor de sus hojas para advertir a los árboles vecinos sobre la proximidad de depredadores.

- Los pulpos mezclan sus cuerpos en tiempo real, detectando el peligro incluso antes de que sea visible.

- Las plantas amenazadas por incendios forestales liberarán compuestos protectores y comunicarán señales de estrés a la vegetación circundante.

- Los pájaros emprenden el vuelo momentos antes de las tormentas.

- Las ballenas y los elefantes cambian sus rutas migratorias en función de cambios sutiles en la vibración de la Tierra, mucho antes de que la actividad sísmica se registre en nuestros instrumentos.

Estas no son decisiones racionales. Son *respuestas energéticas* al pulso del planeta.

Esta es la Intuición en acción.

Como ocurre con todos los seres vivos, **cuanto más nos alineamos con nuestra inteligencia natural, más nos guiamos, no por el miedo, sino por el conocimiento.**

5. Cuando la Intuición se Distorsiona

Así como la Intuición puede guiarnos hacia la alineación, también puede distorsionarse si estamos desconectados.

Cuando nos sentimos abrumados por el miedo, la ira, el ego o el trauma, podemos malinterpretar la ansiedad como la Intuición.

Podemos confundir proyecciones personales con señales divinas.

Podemos seguir una voz interior que suena segura, pero en realidad es la voz amplificada de viejas heridas.

Así es como la intuición se **nubla**: No porque haya desaparecido, sino porque hemos dejado de afinarla adecuadamente.

Hay ejemplos de esta distorsión en todas partes:

- Alguien se siente 'llamado' a abandonar una buena relación por miedo a la intimidad, lo cual no significa una verdadera alineación.
- Una persona interpreta su incomodidad ante una idea nueva como una advertencia, cuando en realidad es sólo falta de familiaridad.
- Alguien hace un cambio importante en su vida basándose en un impulso, no en una intuición, y culpa a la intuición cuando falla.

La Intuición debe *destilarse* a través de los Elementos. Cuando la Percepción es clara, la Voluntad se fortalece, la Razón se equilibra, la Imaginación se activa, la Memoria se alinea y **la Intuición se vuelve inconfundible** .

Cuando se ignoran los demás elementos, la Intuición todavía puede estar presente, pero perdemos nuestra capacidad de interpretarla bien.

6. La Brújula del Alma

En definitiva, la Intuición *es* tu **brújula interna**.
Es *la Inteligencia Universal* que te habla desde dentro.

No discute.
No justifica.
Simplemente *sabe*.

No gritará para llamar tu atención y Nunca te abandonará.

Incluso cuando lo hayas ignorado durante años, seguirá ahí, esperando a que lo escuches de nuevo.

Y cuando lo hagas, cuando regreses a la quietud y dejes que el ruido se desvanezca, la intuición estará lista para guiarte hacia adelante. No con fuerza, sino con **certeza.**

Reflexión Final

La Intuición es el vínculo viviente entre tu espíritu y la fuente.
Es la prueba de que nunca estás solo. Es el lenguaje de la verdad y la canción de tu devenir.

Cuando lo honras, te alineas.
Cuando dudas de él, te desvías. Cuando lo cultivas, evolucionas.
Deja que te guíe, no solo en momentos de crisis, sino en tus decisiones cotidianas.
Deja que moldee tus relaciones, tu camino, tus sueños.
Y cuando el mundo se vuelva ruidoso, regresa a la quietud.

Porque el susurro siempre está ahí.
Y cuanto más escuchas, más fuerte se vuelve.

Capítulo 14 – Por Qué la Ciencia No Ha Explicado Estos Fenómenos Universales

Hay un lenguaje más antiguo que los laboratorios. Una sabiduría más profunda que la hipótesis.

La ciencia, en su búsqueda de pruebas, a menudo ha pasado por alto la arquitectura invisible de la vida: *la Inteligencia Universal*.

Este capítulo lo guía desde las civilizaciones antiguas que comprendían lo sagrado, pasando por el desvío de la ciencia moderna hacia las ganancias y las patentes, hasta el naciente renacimiento de la investigación de la conciencia, y lo que todo esto significa para el despertar.

1. Sabiduría Antigua: La Ciencia Original

Las culturas humanas primitivas abordaron el conocimiento como inteligencia viva. En el Antiguo Egipto, el *Papiro de Ebers* y *el Papiro de Edwin Smith* (c. 1500) A.C.) catalogó remedios herbales y técnicas quirúrgicas junto con cánticos, encantamientos y una comprensión íntima del corazón como centro de la vida y la mente (Wikipedia [13,] Wikipedia [14]). En toda Grecia *el De Materia Medica* de Dioscórides (circa 50 CE) documentó más de 600 plantas medicinales - observación empírica mezclada con sabiduría ritual - continuando durante 1.500 años a través de la tradición árabe y bizantina (Wikipedia [15]).

Muchas sociedades antiguas utilizaban plantas medicinales no solo para tratar síntomas, sino también para explorar la consciencia, comunicarse con el espíritu y conectarse con una Inteligencia Superior. Estas prácticas encarnaban una epistemología orgánica, donde coexistían la observación, la intuición, el ritual y la comprensión.

2. La Caída de Alejandría y el Eclipse de la Investigación

La Gran Biblioteca de Alejandría fue en su día el depósito del conocimiento colectivo de la humanidad: filosofía, astronomía, física, espiritualidad. Representaba la investigación holística y la investigación abierta entre disciplinas (Vocal [16]). Cuando se quemó, gran parte de esa sabiduría integradora se perdió; los textos sobre ciencia intuitiva, geometría sagrada, medicina y consonancia metafísica desaparecieron. La siguiente Edad Oscura silenció la ciencia espiritual hasta que el Renacimiento y la Ilustración reavivaron la curiosidad, pero por un camino más estrecho, mecanicista y, aunque supresor, supresor.

Surgió una nueva era: Newton calculó la gravitación, Descartes diseccionó la mente y Darwin trazó un mapa de la selección natural; sin embargo, pocos hablaron de resonancia interna o de la presencia de inteligencia que guiara la vida más allá del azar.

3. De Edison a la Empresa: el Auge de la Ciencia Orientada a los Resultados

La transición de la ciencia hacia la rentabilidad y el propósito comenzó con tecnólogos como Edison. A medida que las patentes, la financiación privada y los intereses corporativos ganaron terreno, la investigación pasó de la curiosidad ilimitada a los resultados y el retorno de la inversión.

A finales del siglo XX, la financiación corporativa y privada para la I+D superó a la pública. Los estudios demuestran que los ensayos farmacéuticos financiados por la industria tienen una probabilidad significativamente mayor de producir resultados favorables que los financiados de forma independiente (arXiv [17]). El apoyo gubernamental a la investigación 'cielo azul' - no estructurada y exploratoria - disminuyó, lo que limitó la reinvestigación en campos como la conciencia y la inteligencia natural.

El resultado: El conocimiento se volvió transaccional. El misterio se desestimó. La curiosidad se convirtió en obediencia. La verdad se convirtió en una realidad física o tangible que debía ser confirmada mediante metodologías científicas 'aprobadas por pares' para existir.

4. Científicos Notables Que Conectaron el Espíritu y la Ciencia

A pesar de la corriente dominante, varios científicos modernos se mantuvieron fieles a la unión del espíritu y la investigación:

- **Nikola Tesla** creía que el universo se basa en energía, frecuencia e interconexión. Dijo: "El día que la ciencia comience a estudiar -los fenómenos no físicos, progresará más en una década que en todos los siglos anteriores juntos." (LinkedIn [18]).

- **Brian Josephson**, premio Nobel de Física, fundó el Proyecto de Unificación Mente-Materia para explorar la conciencia y la mecánica cuántica, y apoyó abiertamente los estudios sobre la telepatía, la meditación y la inteligencia en la naturaleza (Wikipedia [19]).

- **Ervin László**, teórico de sistemas, popularizó el concepto de **Campo Akáshico** , proponiendo que la información universal fluye a través de un campo de energía que sustenta la evolución, la conciencia y la interconexión (Wikipedia [20]).

Estos pensadores nos recuerdan que la realidad no es exclusivamente material y que la ciencia y el espíritu no tienen por qué ser adversarios.

5. El Inesperado Regreso de la Ciencia a la Conciencia

En la última década, la investigación científica ha comenzado a superponerse con la intuición, la energía y la conciencia, a pesar de sí misma:

- Las investigaciones sobre **psicoplastógenos** (por ejemplo, psilocibina, MDMA) revelan una profunda reestructuración neurológica, acelerando la curación y la transformación emocional de maneras que la medicina tradicional no puede igualar (arXiv [21]).

- Los estudios actuales exploran **los procesos cuánticos en el cerebro,** como el entrelazamiento dentro de las estructuras neuronales y la coherencia en los microtúbulos, lo que sugiere que la cognición podría operar más allá de la química clásica (arXiv [22]).

- Campos como la biología cuántica documentan fenómenos no clásicos (plantas que detectan la luz a través de la coherencia cuántica, pájaros que navegan mediante el espín electrónico entrelazado) incluso antes de que cambien los estímulos visibles (arXiv [23] , Reddit [24]).

- La neurociencia ha descubierto cómo **la emoción, la intención y la resonancia influyen en la salud celular**: Los estados mentales positivos mejoran la función mitocondrial, la regulación del estado de

Inteligencia Universal

ánimo y la resiliencia cognitiva (Wikipedia [25], PMC26).

Estos desarrollos no *prueban la Inteligencia Universal*, pero *señalan* su presencia. Demuestran que la consciencia es más fluida, maleable y enérgica de lo que se creía, y que el Universo podría, de hecho, fluir con inteligencia invisible.

6. Qué Significa para *la Inteligencia Universal*

La ciencia quizá haya trabajado bajo su propio peso, pero ese peso está cambiando.

Donde antes se nos decía que ignoráramos el susurro bajo la apariencia, ahora vemos susurros reflejados en los datos. A medida que la curiosidad científica regresa a las preguntas que antes descartaba: Campos de energía, intención, conciencia más allá del cerebro, los Elementos Y los principios que hemos visto se validan silenciosamente.

- La Voluntad se refleja en la neuroplasticidad y la curación.
- La Memoria se muestra en la epigenética y la resiliencia mitocondrial.
- La Intuición sugiere que en la biología intervienen el entrelazamiento cuántico y la sincronicidad.
- La Imaginación Sigue avanzando a pesar de los esfuerzos por dominarlo.

Un Llamado a Realinear la Ciencia y a Nosotros Mismos

Esto no es una condena de la ciencia. Es un llamado a recordar su esencia.

La ciencia, en su máxima expresión, es un acto de curiosidad sagrada: Un esfuerzo por comprender los mecanismos ocultos de un mundo maravilloso. Pero durante más de un siglo, muchas ramas de la ciencia se han desviado de esta noble búsqueda. El énfasis en las ganancias, las patentes y los resultados predeterminados redujo el alcance de la investigación. El descubrimiento se convirtió en resultados. La curiosidad, en obediencia.

Sin embargo, la situación está cambiando.

Estamos presenciando un resurgimiento: El regreso a preguntas que antes se descartaban por indemostrables o infundadas. La exploración de la consciencia, el estudio de los campos energéticos, el resurgimiento de la medicina a base de plantas y la audaz indagación en la intuición y la intención son señales de que la ciencia está recordando su historia original: observar, cuestionar, reflexionar.

Ese día ha comenzado.

Aun así, debemos recordar: *La Inteligencia Universal* no espera validación.
No se limita a revistas científicas ni laboratorios. No está sujeta a fórmulas ni a la revisión por pares. Vive

ahora . Dentro de nosotros. A nuestro alrededor. Siempre.
No necesitas esperar al próximo estudio para conocer la verdad en tu interior.
No necesitas esperar permiso para confiar en tu intuición, practicar la presencia, dar y amar sin expectativas.

La ciencia se pondrá al día. Pero la fe ya está aquí.
Fe en lo invisible. Fe en la unidad de todas las cosas. Fe en la tranquila certeza interior de que eres parte de algo infinito y sabio.

A medida que continúes este viaje, deja que esta sea tu invitación:

- Honrar los datos *y* lo divino.

- Explorar el laboratorio *y* el alma.

- Creer que *la Inteligencia Universal* no es un mito que espera ser demostrado: es una verdad que espera ser vivida.

Y en esa vida, comenzamos a sanar.
No solo nuestras mentes o cuerpos, sino también las fracturas de nuestra especie, la desconexión con la fuente y el dolor de vidas a medias.

No estamos esperando que la ciencia valide el sol.

Simplemente estamos entrando en la luz.

¿Dónde nos deja esto entonces? ¿Las verdades solo se sustentan si se prueban mediante experimentos científicos financiados? ¿Existe aún la creencia, en algún nivel o en cualquier nivel, si no puede ser probada por una entidad privada o pública? ¿Hemos perdido la capacidad de explorar o cuestionar como sociedad, o como especie? Aquí reside la mayor verdad y poder de *la Inteligencia Universal*: Que el Universo, y todo lo que contiene, permanece en muchos sentidos más allá de nuestra plena comprensión. Que todas las preguntas o sucesos no estaban destinados a ser respondidos tan simplemente por una habilidad artística o un método de investigación. Que posiblemente lo inexplicable estaba destinado a permanecer sin resolver, que existe un 'método para la locura' que aún no se ha comprendido. Que posiblemente la inmensidad del orden del Universo no estaba destinada a ser resuelta por nuestros cerebros finitos con tanta facilidad y prontitud.

Ahí radica la paradoja de *la Inteligencia Universal*: Existe para ser compartida por todos, pero nadie la domina. Que algunas verdades que se consideran 'universales' son... Hay cosas que aún quedan por revelar al colectivo, pero otras permanecen sin comprobar, sin respuesta. Esta es la verdadera maravilla del Universo: Que mientras contemplamos la grandeza y la expansión del cosmos, sigamos viviendo en estos cuerpos, y que aún queden algunas realidades por reflexionar...

Capítulo 15 - Viviendo el Viaje

> "Los conceptos e ideales no están destinados a quedarse en un estante. Como tantas otras cosas en la vida, se vuelven más empoderantes cuando se aplican, cuando se ponen en práctica."
> - *KC, también conocido como El Rey Serpiente*

Llega un momento en cada gran historia en que el lector deja el libro, respira profundamente y pregunta: **"¿Y ahora qué?"**.

Éste es ese momento.

Porque este libro nunca fue concebido como un destino. Es un mapa, dibujado a mano y sincero, para el viaje de regreso a ti mismo... un regreso a la verdad. Has recorrido la sabiduría ancestral, la ciencia moderna, verdades olvidadas y partes del alma recordadas. Has estado con Galileo y te has sentado con chamanes. Has mirado al fuego con Tesla, has visto a ciervos desafiar la lógica con la Voluntad y has explorado las complejidades de las ondas cerebrales, la vibración y la emoción con una investigación que finalmente se está poniendo al día con lo que los místicos saben desde hace mucho tiempo:

Esa *la Inteligencia Universal* es real. Está aquí. Está en ti. Y es hora de vivirla.

Los Elementos: La Verdad en Movimiento

A lo largo de este libro, exploramos los Elementos: esas frecuencias innatas y activadas que residen en el interior de cada ser vivo. No son ideales lejanos, una nueva religión de culto ni listas de moraleja. Son nuestro derecho de nacimiento. Son la **arquitectura del alma** .

- **La Voluntad** es lo que impulsó al ciervo a abandonar su seguridad por algo invisible. Es lo que ayudó a los sobrevivientes a atravesar edificios en llamas, curó enfermedades incurables y escribió cada línea de este libro.

- **La Memoria** es el almacén de vida de la mente, pero también el vínculo del corazón con la verdad. La memoria no siempre es confiable, pero puede recalibrarse con herramientas como el diario, los tableros de visión y la quietud para recordarnos lo que más importa.

- **La Percepción** es cómo interpretamos el mundo, pero también cómo lo moldeamos. Es por eso que cinco personas pueden presenciar el mismo momento y contar cinco historias diferentes, cada una con su propia verdad. Son los diferentes colores y perspectivas que cada uno de nosotros ve, sostiene y valora a partir de la misma imagen.

- **La Intuición** es el susurro que se convierte en rugido cuando finalmente aprendes a escuchar. Es lo que evitó que la gente subiera a trenes siniestrados, lo que atrae a las ballenas beluga a tierra antes de los terremotos y lo que siempre te ha impulsado a alinearte.

- **La Imaginación** es la forja creativa de la mente, donde las chispas de la posibilidad se convierten en los planos de la realidad. Es cómo ensayamos el futuro, resolvemos problemas inexistentes e imaginamos mundos aún no nacidos. Sin imaginación, la voluntad no tiene visión que perseguir.

- **La Razón** es la mano firme que da forma a la inspiración. Es cómo probamos, refinamos y alineamos nuestras ideas con la verdad. La Razón evita que la Imaginación se convierta en ilusión y garantiza que lo que creamos sea bello y sólido.

Estos Elementos No son metas. Ya están dentro de ti, en todos nosotros. El trabajo no es adquirirlas, sino **activarlas** .

Los *Principios*: Anclas para el Alma

A lo largo del camino, también has absorbido los Principios de *la Inteligencia Universal* , esas verdades eternas que conforman el contenedor donde se despliegan tu crecimiento, tu iluminación y tu verdadera verdad. Recuerda:

- Que no estas roto.

- Que no estás solo.

- Que tu vida tenga diseño y sentido.

- Que estás conectado a todo.

- Esa curación es posible y ya está en marcha si le das permiso.

Estos no son pensamientos reconfortantes. Son **universales hechos espirituales** - escritos no por nosotros, sino por la inteligencia que nos creó a todos... y a ti. Estos *Principios* forman la **brújula** con la que navegas por los *Elementos* . Sin ellos, el trabajo es pesado. Con ellos, se vuelve inevitable.

De la Creencia a la Práctica: Vivir la Obra

Hagamos esto realidad.

A pesar de todos los conceptos poderosos y las historias sagradas, nada de esto importa si se queda en teoría. Como se ha dicho, no están hechos para quedarse en un estante. Están hechos para vivirlos, practicarlos y encarnarlos. Cuando los ponemos en práctica es cuando la verdadera magia comienza a manifestarse en nuestras vidas.
Al emprender este trabajo, cuatro mentalidades le servirán como compañeras en el viaje: **Abundancia** , **Gracia** , **Gratitud** y **Presencia** .

- **La Abundancia** es la mentalidad de que siempre hay suficiente: suficiente amor, suficientes oportunidades, suficiente tiempo para vivir

plenamente. No es un optimismo ciego, sino el reconocimiento de que *la Inteligencia Universal* es ilimitada y que la escasez suele ser un engaño de la percepción. La abundancia alimenta la generosidad y nos hace partícipes del gran ciclo de la vida, de dar y recibir.
- **La Gracia** es cómo extendemos esa abundancia hacia afuera: a los demás, al mundo y a nosotros mismos. Es el acto de perdonar cuando sería más fácil guardar rencor, de ofrecer compasión cuando el juicio nos llama, de abrir las manos cuando la vida nos tienta a cerrar los puños. La gracia suaviza las asperezas del camino, transformando la disciplina en devoción y la lucha en transformación.
- **La Gratitud** es la práctica que transforma lo que tenemos en suficiente y lo que experimentamos en significado. Es el acto de reconocer las bendiciones, grandes y pequeñas, que dan forma a nuestros días. La gratitud reconecta la mente con la alegría, fortalece nuestra conexión con los demás y nos mantiene atentos a los milagros silenciosos que de otro modo podríamos pasar por alto.
- **La Presencia** es la medicina que no sabíamos que necesitábamos: saborear, ver y sentir el momento sin filtros. Es la decisión de dejar de dejarse llevar por la distracción y permanecer firmes en el presente. La presencia ralentiza el reloj, agudiza los sentidos y convierte los momentos cotidianos en un lugar sagrado.

Estas no son simplemente virtudes admirables, sino **condiciones esenciales** para cada práctica posterior. La abundancia abre tu corazón a la posibilidad. La gracia extiende esa posibilidad hacia afuera con amor. La gratitud sella el momento con alegría. La presencia te arraiga en el ahora para que puedas vivirlo plenamente. Juntos, preparan el terreno para que todos los Elementos puedan crecer y florecer.

A continuación se presentan algunas prácticas que incorporan *la Inteligencia Universal* a tu experiencia cotidiana:

- **Diario:** Así como la memoria puede divagar, escribir la recupera. Lleva un diario para recordar quién eres, adónde vas y para que tu cerebro esté alerta. Captura las revelaciones antes de que se desvanezcan o se conviertan en nuevos miedos inventados por la erradicación de los recuerdos.

- **Meditación:** El silencio es el caldo de cultivo para la Intuición. Considéralo tu oportunidad cada día para preparar 'el escenario' para lo que está por venir. Tan solo 10 minutos cada mañana (o en cualquier momento) pueden cambiar la calidad de tus decisiones y tu capacidad para escuchar lo divino.

- **Plan de Pantalla Digital:** Cada vez que pasas el dedo, la señal se desactiva. Limita la exposición seleccionando el tiempo de pantalla. Recupera tu atención.

- **Compañerismo:** Ya sea un café con un amigo sabio o risas junto a la fogata, no te aísles. "Ningún hombre es una isla." La conexión amplifica la sabiduría.

- **Rutina Matutina:** Empieza el día con un propósito. Alimenta tu cuerpo y tu mente primero. Elimina cualquier energía y pensamientos negativos, alineándote antes de que el mundo te obligue a reaccionar.

- **Tiempo en la Naturaleza:** Ya lo hemos mencionado antes; estudios demuestran que incluso 20 minutos en la naturaleza reducen el cortisol y reactivan la regulación interna. Deja que la naturaleza te reorganice.

- **Fijación de Metas:** Las metas pequeñas y alcanzables impulsan el progreso y reprograman tu relación con la confianza en ti mismo. El logro, en cualquier nivel, aumenta la confianza.

- **Leer Libros Reales:** Deja que la sensación física de pasar las páginas ralentice tu respiración y alimente tu mente.

- **Dieta Televisiva:** Elige historias que te eleven. Deja espacio para que tu imaginación despierte. Elige no dejarte llevar por el entretenimiento.

- **Momento de Tranquilidad y Reflexión Profunda:** Crea espacio para la maravilla e incluso el aburrimiento. Deja que tu mente divague sin rumbo; aquí es donde la divinidad suele encontrarte.

Estas disciplinas son tus remos. Sin ellas, irás a la deriva. Con ellas, trazas un rumbo hacia la soberanía.

Qué Podría Frenarte (y Por Qué Está Bien)

El viaje no será perfecto.
Pero, claro, **la perfección no es el objetivo, sino la alineación.**

Es posible que usted enfrente o experimente:

- **Miedo** a no ser suficiente.
- **Celos** de los que parecen estar más adelantados.
- **Autodesprecio** que se disfraza de modestia.
- **Comparación** que corrompe la alegría de tu camino único.
- **Impaciencia** por llegar antes de estar listo.
- **Distracción** por validación externa y ruido.
- **Escasez** que dice que nunca podrás alcanzarla.

Pero estos no son fracasos, son invitaciones. Revelan dónde la sanación está más lista. Recuerda, tu camino no es **lineal** . No hay un 'adelante' ni un 'atrás', solo *un proceso de transformación.*

No estás solo en este proceso.
Y **no tienes que recorrerlo solo.**

De la Activación Interna al Resplandor Externo

Una de las mayores mentiras de la sociedad moderna es que el cambio empieza desde afuera.
No es así. Empieza con una sola alma que decide despertar.

La transformación interna siempre precede al impacto externo.

Comenzarás a verlo, primero en cómo te hablas a ti mismo, luego en cómo te tratas a ti mismo y a los demás, y finalmente, en cómo se sienten los demás cuando están cerca de ti.
Así se propaga la luz: no en revolución, sino en **resonancia**.

Únete al Cerebro Universe

Tanto si eres nuevo en este viaje como si llevas décadas en él, **estamos aquí**. Solo tienes que tomar una decisión.

Cerebro Universe no es una marca ni un producto. Es un **santuario** para almas despiertas que buscan alinearse con *la Inteligencia Universal*. Es un encuentro para quienes están listos para vivir vidas plenas, amorosas y luminosas.

Nuestra Misión :

Servir como un santuario donde todos los humanos puedan conectarse con La Energía Suprema y la Inteligencia Universal, fomentando el despertar y empoderándolos para vivir como seres completos en este planeta.

A través de escritos, conversaciones, encuentros y aprendizajes colaborativos, creamos espacios para **la verdad, la pertenencia** y **el despertar**.

Estás invitado. No porque nos necesites, sino porque **nos necesitamos unos a otros**.

Reflexión Final: La Invitación es Ahora

Sí, la ciencia se está poniendo al día. Lo hemos visto en los escritos sobre la consciencia, la neuroplasticidad, las plantas medicinales y los campos energéticos. Desde las civilizaciones antiguas que comprendían la vibración y la geometría sagrada, hasta la sabiduría oculta perdida en los incendios de Alejandría, pasando por el auge de la teoría cuántica y la biología espiritual; estamos presenciando un *regreso*.

Y, sin embargo, como hemos dejado claro, no es necesario esperar a que un artículo revisado por pares valide nuestra alma.

No estás esperando permiso.

Tú, y sólo tú, tienes el permiso.

La fe está disponible ahora.

La voz de *la Inteligencia Universal* susurra ahora.
La invitación a vivir en armonía ya está a tu alcance.

Cree. Entrégate a la Obra. Despierta Plenamente.
Deja que tu vida sea la evidencia más clara de lo que es posible cuando un ser humano elige vivir conectado con lo divino.

Así que el libro se cierra.
Pero tu vida, la verdadera historia, comienza de nuevo.
Escríbela con amor. Vívela con asombro.

Y recuerda siempre **que fuiste hecho para esto.**

Eres suficiente

Referencias

1. Chalmers, *The Conscious Mind*, 1996.
   https://www.amazon.com/Conscious-Mind-Search-Fundamental-Philosophy/dp/0195117891

2. Capra, *The Web of Life*, 1996.
   https://www.amazon.com/Web-Life-Scientific-Understanding-Systems/dp/0385476760

3. Siegel, *The Developing Mind*, 2012.
   https://www.amazon.com/Developing-Mind-Third-Relationships-Interact/dp/1462542751

4. The God Particle: If the Universe is the Answer, What is the Question?', por Leon M. Lederman, 1994.
   https://www.amazon.com/God-Particle-Universe-Answer-Question/dp/0618711686

5. Healthline, 2024.
   https://www.healthline.com/health/vibrational-energy

6. The History of the Memory of Water, Yolene Thomas, 2007. https://pubmed.ncbi.nlm.nih.gov/17678810/

7. Instituto Allen, 2025.
   https://alleninstitute.org/news/landmark-experiment-sheds-new-light-on-the-origins-of-conciencia/

8. *Feeling & Knowing: Making Minds Conscious*, de Antonio Damasio, 2021.
   https://www.amazon.com/Feeling-Knowing-Making-Minds-Conscious/dp/1524747556

9. Instituto Nacional de Investigación del Genoma Humano, 2022. https://www.genome.gov/About-Genomics/Introduction-to-Genomics

10. Suzzane Simrad, 1997.
    https://suzannesimard.com/research/

11. Hospital General de Massachusetts, 2011.
    https://www.cbsnews.com/news/meditation-may-help-brain-tune-out-distractions/

12. Randy Pausch, *The Last Lecture*, 2007.
    https://www.youtube.com/watch?v=ji5_MqicxSo

13. Wikipedia. https://en.wikipedia.org/wiki/Ebers_Papyrus

14. Wikipedia.
    https://en.wikipedia.org/wiki/Edwin_Smith_Papyrus

15. Wikipedia.
    https://en.wikipedia.org/wiki/De_materia_medica

16. Vocal. https://vocal.media/history/la-biblioteca-de-alejandría-ocultó-los-secretos-del-universo

17. ArXiv . https://arxiv.org/abs/1806.07998
18. LinkedIn.
https://www.linkedin.com/posts/lauriebowman_navidad-humanidad-neurociencia-actividad-7277419908009746432-eKQ_/

19. Wikipedia. https://en.wikipedia.org/wiki/Brian_Josephson

20. Wikipedia. https://en.wikipedia.org/wiki/Ervin_László

21. ArXiv. https://arxiv.org/abs/1806.07998

22. ArXiv. https://arxiv.org/abs/1910.08423

23. ArXiv. https://arxiv.org/abs/1910.08423

24. Reddit.
https://www.reddit.com/r/consciousness/comments/1gfl7rv/why_i_believe_consciousness_and_quantum_physics/

25. Wikipedia.
https://en.wikipedia.org/wiki/Ervin_L%C3%A1szl%C3%B3

26. PMC.
https://pmc.ncbi.nlm.nih.gov/articles/PMC3991212/

27. Wikipedia. https://es.wikipedia.org/wiki/Dioscórides

Para más referencias de este libro, escanee aquí:

www.ingramcontent.com/pod-product-compliance
Lightning Source LLC
Chambersburg PA
CBHW050649160426
43194CB00010B/1872